JN014292

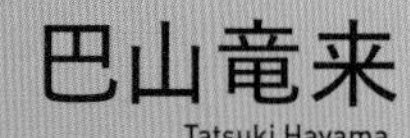

リアルタイム グラフィックスの数学

GLSLではじめる シェーダプログラミング

Mathematics of Real-Time Graphics : Getting Started with GLSL

技術評論社

本書で使用しているサンプルコードは，以下のサポートページからダウンロードできます．
https://gihyo.jp/book/2022/978-4-297-13034-3/support

コード見出しの末尾にある📄がファイル名を示し，重要箇所のみを抜粋して掲載しています．
また，Visual Studio Code とその拡張機能 glsl-canvas の動作確認は，以下の環境で行いました．
［Windows］Windows 11
［Mac］macOS Monterey 12.4
［Visual Studio Code］バージョン：1.68.1
［glsl-canvas］v0.2.15
Visual Studio Code の細かい操作については本書では扱いませんので，適宜参考書をご参照ください．

はじめに

リアルタイムグラフィックスは，人と同じ時間を生きるコンピュータグラフィックス（CG）です．例えばコントローラの操作に合わせて動くゲームグラフィックスや，ビデオチャットで背景や顔の表情に合わせて変化するグラフィックス加工技術など，コンピュータと人間のインタラクション（相互作用）をつくる様々な場面で活用されています．これが映画で使われるCGと異なるのは，あらかじめ用意された映像を流すのではなく，ユーザーの操作に合わせて**リアルタイムに映像をつくる**ことです．映像が自然に動いて見えるためには，1秒間におおよそ30枚の画像は必要ですが，リアルタイムグラフィックスではこの画像をタイムラグなくコンピュータで生成しなければなりません．この技術はコンピュータの処理速度高速化に伴って大きく発展し，現在では実写のようにリアルなグラフィックスまでもがリアルタイムに処理可能となりつつあります．本書はそういった技術を初歩から学ぶための入門書です．

しかしながら，リアルタイムグラフィックスの関連領域は広くて深く，その基礎知識を理解するのも，実装するのも簡単ではありません．著者はCGの高等教育を受けた専門家ではなく，大学ではコンピュータサイエンスとは縁遠い数学の分野を学んでいました．CGに関するプログラミングをはじめたのも，30歳を超えてからです．後からその分野を学ぶにあたり，筆者の理解の一番の手助けとなったのは，実は線形代数や微分積分といった数学のごく基礎的な知識でした．**CGの基本は数学でできています**．数学から出発してCG技術に触れることにより，「なぜこのコードがこのグラフィックスを生み出すのか」ということをスムーズに理解することができます．本書はそういった**数学的なアプローチによるゼロからの理解と実装**を目指しています．情報科学の専門家による網羅的な教科書や実践的な技術書ではありませんのでご注意ください．

本書はとくに**ノイズ表現と3Dグラフィックス**に焦点を当てています．これは筆者の前著『数学から創るジェネラティブアート』[6] からの流れの上にあります．前著ではノイズと3Dについて全く触れることができませんでしたが，これらはジェネラティブアートのスイートスポットです．実際，“generative art”で検索して出てくるグラフィックスの多くは，何らかの形でノイズや3Dの要素が入ったグラフィックスでしょう．前著で扱ったプログラミング言語であるProcessingでは，ユーザーがそれらの仕組みを知らずとも，あらかじめ組み込まれたパッケージによってその機能を使用可能でした．この本では，それらをブラックボックスとして使うのではなく，**箱の中身から理解してつくる**ことを目指しています．ノイズの使用は，しばしば定型的なエフェクト表現に偏りがちでもありますが，その中身から理解してカスタマイズすることにより，一歩先の表現に到達することができます．また3DグラフィックスはCG全般における汎用的な技術です．どんなソフトウェアであっても，そこで使われている3Dグラフィックスの基礎は変わりません．本書ではそれをゼロから実装することによって，3Dの理解を深めます．

本書で扱うリアルタイムグラフィックスは，プログラムされた手続きにしたがって計算のみからグラフィックスを生成する，プロシージャル（手続き型）グラフィックスと呼ばれるものです．リアルタイムかつプロシージャルにノイズや3Dを扱うとなると，大量の計算を高速に実行する必要があります．これを可能にするのが**シェーダ**です．この本ではシェーダプログラミングによってプロシージャルグラフィックスを実装します．もう少し詳しくいうと，フラグメントシェーダと呼ばれるシェーダをプログラミング言語GLSLでプログラミングします．これによって，Processingではリアルタイムに動かすのが困難な描画処理も実行することが可能となります．なお本書は前著とは独立であり，Processingに関する知識は本書を読む上で必要ありません．

食材としてのノイズ

さらに本書で扱うキーワードについて詳しく見てみましょう．ノイズはリアルタイムグラフィックスの持ち味が生かせる，視覚表現技法の一種です．通常使われる意味で「ノイズ」は騒音やエラーなどネガティブな意味で用いられることが多いですが，CGにおけるノイズはこれとは異なります．ノイズに親しみがないという人は，大豆を思い浮かべてみましょう．大豆は生食には向きませんが，調理することでそれは煮物にも，味噌にも，醤油にも，豆腐にもなり，調理の仕方により調味料としても，惣菜としても，主菜としても使えます．同じように，ノイズ自体は単にモヤモヤとした模様にしか見えず，それ単体ではあまり美味しくないかもしれませんが，ノイズ関数に数学的な処理を加えることで，多種多様な視覚表現が可能です．ノイズ表現の開拓者であるKen Perlinは，ノイズを使った視覚効果（VFX）を1982年の映画『トロン』に応用し，1985年に論文[15]を発表しました．Perlinの仕事にちなんだパーリンノイズ（第4章参照）は，炎や地形のような自然物の外観を少ない計算コストで表現する際に使われます．

コンピュータが広く消費者に浸透し，PCでグラフィックス表現を扱えるようになるに従い，ノイズは個人の創作表現にも取り入れられるようになりました．芸術的表現を志向するプログラミング行為はクリエイティブコーディングと呼ばれており，それはProcessingやopenFrameworksといった開発環境の整備により裾野を広げています．クリエイティブコーディングコミュニティは，単にVFXとしてのノイズの使用のみならず，絵画における絵具や筆のように，それをアートを生み出すための創造的な道具へと押し上げました．

料理本で例えるならば，残念ながらこの本は美味しい料理をつくるための**レシピ集ではありません**．クリエイティブコーディングコミュニティでは，凄腕料理人が惜しげもなくネット上で絶品料理のレシピ（コードやチュートリアル）を公開しています．手順通りに料理すれば，美味しい料理をつくることはできるでしょうし，すこし味付けを変えればそのバリエーションをつくることも可能でしょう．しかし1から創作料理をつくるとなると，素材の特徴や基本的な調理法を知る必要があります．それによって素材を引き立たせる料理をつくることができます．CGにおいて，それはまさに**根っこにある数学を知る**ことです．この本の前半部では，**食材としてのノイズのつくり方からその基本的な調理法**について学びます．

食品工場としてのGPU

さらに続けてCGを料理だと見立てれば，**リアルタイムグラフィックスは究極の時短調理**です．何時間も仕込んで美味しい料理をつくるのではなく，1秒間に少なくとも30人分の料理を用意しなければなりません．そのためには1人ですべて調理するのでは到底追いつけず，調理工程をシステム化し，大量のアルバイトと調理機器を使って作業する必要があります．リアルタイムグラフィックスの計算の要となるGPU（Graphics Processing Unit）は，**大量のお弁当を生産するための食品工場**です．食品工場では具材の調理や盛り付けなどをすべて分業し，生産ラインを円滑に回すことによって大量生産を可能としていますが，同様にGPUもグラフィックスを生成するための機能を並列に分業し，流れ作業を経て画像がディスプレイ上に描画されます．

GPUでのグラフィックス生成における作業工程の各部門はシェーダ（shader）と呼ばれています．シェーダはそもそもグラフィックスに陰(かげ)をつけることに由来しており，より高速に3Dグラフィックスを動かすために導入されました．その名の通り，当初は「陰をつける」といった固定的な処理を実行することしかできませんでしたが，GPUの進化に伴ってシェーダ機能がプログラミング可能になったことにより，自由度の高い強力な計算装置へと変身しました．昨今の機械学習の急速な進化も，GPUの力なくしてはありえません．シェーダの中でも，とくに**ピクセルの色付け部門はフラグメントシェーダ**（またはピクセルシェーダ）と呼ばれています．この本ではフラグメントシェーダのプログラミングについて学びます．

3Dグラフィックスと符号付き距離関数（SDF）

3DグラフィックスはCGの花形です．単なる数値計算の結果を色で表したにすぎないCGがどれだけ現実に近づけるか，という好奇心がCG技術を進歩させてきました．現在私たちが映画で目にするような，現実と見紛う3Dグラフィックスの数々も，膨大なCG研究の蓄積の上にあります．3Dを描画することは，私たちの物の見え方や光の反射を理解し，それを数学的なモデルに置き換えてプログラミングすることです．そこには広範な数学，および物理の知識が要求されますが，多くの3Dグラフィックスソフトウェアは数学や物理の知識なしにユーザーが直観的に操作できるよう開発されています．この本では，そういったユーザーフレンドリーなソフトウェアの力を借りず，フラグメントシェーダプログラミングにより**最低限の準備でゼロから3Dグラフィックスをつくる**ことを目指します．

3Dグラフィックスをコーディングだけでつくるなんて，大量のコードを書かなければならないし，そもそも大したことはできないんじゃないかと思う読者も多いかもしれません．たしかに予算のかかったCG制作の現場では，複雑な描画計算が組み込まれた高価なソフトウェアやレンダラが使われています．一方，商業ベースのCGの世界とは別にコミュニティベースで広がったCGの世界では，独自の技術でリアルタイムにCGと音楽をつくり出す「デモ」と呼ばれる作品形態が生まれました．デモはアンダーグラウンドなハッカー文化にその起源を持ちますが（そもそもはコピーガード解除されたソフトのおまけにつけた映像と音楽からはじまっています），現在ではリアルタイム生成の技巧に特化した作品群としてそのコミュニティ内で育まれています．デモを取り巻く文化はデモシーンと呼ばれ，その中では4KBや64KBのような通常の3Dグラフィックスデータとしては考えられない短いデータの中に，リアルタイム生成技術を凝縮して詰め込む技が磨かれました．この本でも頻繁に登場するInigo Quilez，通称iqはデモシーンの牽引者であり，オンライン上のフラグメントシェーダプログラム共有サイトであるShadertoy（`shadertoy.com`）の創始者の一人です．Shadertoyにアクセスすると，デモの粋を集めた超絶技巧の数々がコード付きで公開されています．中には数十行のコードで驚くような3Dグラフィックスが実現されているようなものも少なくありません．これらのコードを1行1行を読み解くと，その中には実に数多くの数学が詰め込まれています．この本で扱う3Dグラフィックスの技術は，そういった**デモの技術の基礎にあるもの**です．

フラグメントシェーダの3Dグラフィックスプログラミングで核となる技術が符号付き距離関数（Signed Distance Function, SDF）です．Shadertoyの多くの作品で使われている3Dグラフィックス技術は，SDFという関数の操作に帰着します．この本の後半部は，SDFの数理について学びます．

本書の方針

本書は大雑把にいうと，ノイズ関数とSDFの2本立て構成で，これらの数学的理解を深め，シェーダプログラミングによって実装することを目指しています．具体的には，この2つの関数の数学的な性質とグラフィックスへの応用について学び，さらにWebGL 2.0で採用されているシェーダプログラミング言語GLSL ES 3.0を使ってリアルタイムグラフィックスをプログラミングします．この開発実行環境には，後述のコードエディタ，またはwebサイトを使用します．なおOpenGLやWebGLのAPIを使ったプログラミングについては，本書で扱いません．

GLSLはC言語に似たプログラミング言語であり，PythonやJavaScriptに比べると入門者にはやや取っつきにくい言語です．またデバッグが難しいなどGPUプログラミング特有の困難があるため，プログラミング中級者以上の読者を想定しています．数学に関しては，高校2年までの数学についてある程度（軽く復習すれば思い出せる程度）の知識があることが望まれます．具体的には，以下の事項について前知識があると，スムーズに本書を読み進められるでしょう.

- ベクトル，微分，三角関数の基礎
- 変数，関数，繰り返し，条件分岐など，多くのプログラミング言語で共通する基本的な用語や処理
- コードエディタ（Visual Studio Code）の基本的な使い方

これらに関してきちんと押さえておきたい場合は，拙著 [6] をおすすめします.

プログラミングに使用するコンピュータは，ゲーミング PC のように GPU 性能が高いグラフィックボードを装備したものの方が好ましいですが，そのようなグラフィックス用途に特化していない一般的な PC でも動作するよう，なるべく計算負荷の軽いプログラムを掲載しています．動作が気になる読者は，後述のサンプルコード，または web 上のサンプルプログラムを動かして確認しましょう．1 秒ごとのフレーム描画数（fps）も表示されるので，この数値によって GPU 性能を測ることができます.

シェーダ開発環境とサンプルコード

本来 WebGL でグラフィックスを表示するには，JavaScript や WebGL API，レンダリングパイプラインと各段階におけるシェーダなど，さまざまな準備が必要とされます．そのような面倒な下準備を飛ばし，GLSL によるフラグメントシェーダ開発に特化した環境が，近年エディタや web で整いつつあります．最も手っ取り早く本書のサンプルコードを実行したい場合，Shadertoy で公開されている本書のプログラムにアクセスしてください．スマートフォン端末上でも，2022 年 7 月時点で最新の OS 環境における主要なブラウザは WebGL 2.0 に対応しており，実行可能です.

https://www.shadertoy.com/playlist/3fGcz3

フラグメントシェーダの開発・実行・共有に関するオンラインプラットフォームは，Shadertoy 以外にも NEORT や twigl など複数あります．シェーダの記述方法や使用できる GLSL のヴァージョンに多少の違いがありますが，本書のコードを応用することも可能です.

オンラインでもコードの編集や実行はできますが，やはり本格的にプログラミングをする場合，PC 上のコードエディタで行うことが好まれます．本書では **PC から Visual Studio Code（VSCode）エディタとその拡張機能である glsl-canvas を使ってフラグメントシェーダプログラミングを行う**ことを想定しています．VSCode をインストールした上で glsl-canvas を拡張機能として加え，サンプルコードをダウンロードしましょう（サンプルコードは本書冒頭に記したサポートページでダウンロード可能）.

最後に，本書を書くにあたり，大垣真二氏，金沢篤氏，杉本雅広氏，中村健斗氏，細田翔氏（@gam0022）から有益なコメントをいただきました．この場を借りて御礼申し上げます.

第0章 Hello World

ディスプレイ上に表示されたデジタルイメージは，発色の最小単位であるピクセル（画素）によって構成されています．例えばフルHDディスプレイは 1920×1080 の解像度を持ちますが，これは1920列，1080行の合計約200万のピクセルが並んだものであり，この大量のピクセルが発する色をすばやく計算することがGPUの仕事です．GPUでは**レンダリングパイプライン**と呼ばれる流れ作業によってこの処理を行います．レンダリングとはコンピュータ内のデータをグラフィックスとして表示することであり，ピクセルの数の分だけその作業ラインが並んでいます．このライン上にはデータが流れており，作業工程の段階ごとに分業で仕事をします．それぞれの部門はシェーダと呼ばれており，上から部品（データ）が流れてきたら，設計図（プログラム）をもとにせっせと組み立てて（計算をして），次の部門に部品（データ）を渡します．レンダリングパイプラインの中でフラグメントシェーダ部門は仕上げに近い部分に位置し，ピクセルに塗る色を決めます[*1]．まずはその設計図を書き出すために，フラグメントシェーダにおける基本的な変数について理解しましょう．

0.1 OpenGL，WebGL，GLSLについて知っておくべき最小限のこと

本書ではGLSL（OpenGL Shading Language）という言語でシェーダをプログラミングします．シェーダはレンダリングパイプラインの中の一部門なので，GLSL単体ではグラフィックスを生み出すことはできず，パイプライン全体の設計を行う必要があります．このパイプライン全体の設計をするための規格の一つがOpenGLです．さらにこれをJavaScriptを使ってブラウザから操作できるようにしたものがWebGLです．パイプラインの設計からプログラミングをする場合，OpenGL，またはWebGLのAPIを使ってコードを書く必要がありますが，実はこれは**容易ではありません**．Hello Worldのためにも様々な下準備やプ

*1　フラグメントシェーダの他には頂点シェーダやジオメトリシェーダが存在します．レンダリングパイプライン全体についてはCG-ARTS『コンピュータグラフィックス』[1, 第8章3節] 参照．

ログラミング知識が必要になってしまい，肝心のグラフィックス操作に行きつくまでに苦労が強いられます．この本ではレンダリングパイプライン全体については既存のシステムに任せ，フラグメントシェーダのみのプログラミングに注力します．この本の開発環境は，コードエディタのVisual Studio Code（VSCode）とその拡張機能であるglsl-canvasです．さらに本書のプログラムは，コードを適宜書き換えることでシェーダ共有サイトShadertoyで実行することができます．これらはWebGLをもとにシステムが構築されています．

WebGLとGLSLに関して重要なのはそのヴァージョンです．WebGLは2011年に1.0が，2017年に2.0が登場しました．それぞれGLSLのヴァージョンも異なり，WebGL 1.0ではGLSL ES 1.0，WebGL 2.0ではGLSL ES 3.0が対応しています．2022年1月時点ではWebGL 2.0はようやく各主要ブラウザにデフォルトで対応するようになり始めた段階であり，WebGL 1.0もいまだ広く使われています．webで公開されているシェーダは，WebGL 1.0と2.0の両ヴァージョンで対応可能なGLSL ES 1.0で記述されたシェーダが多く見られますが[*2]，本書では**GLSL ES 3.0**に準拠しています．とくに本書で頻繁に使われているビット演算はGLSL ES 1.0では使えないので，本書のシェーダを使う場合はWebGLのヴァージョンに注意しましょう[*3]．

0.2 フラグメントカラー

OpenGLではピクセルのことをフラグメント（かけら）と呼び，各ピクセルに付ける色はフラグメントカラーと呼ばれます．フラグメントシェーダの最も重要な役割は，**フラグメントカラーを決定すること**です．まずフラグメントカラーを単色で光らせる（塗りつぶす）だけのプログラムを書いてみましょう．

メイン関数

フラグメントシェーダは基本的に1つのメイン関数が実行されます．ここでのポイントは，**メイン関数はすべてのピクセルに対して実行される関数**であるということです．あなたが大量のピクセルの中のどれか1つになって，このメイン関数の指示を受け取り実行する，と考えて下さい．メイン関数に「フラグメントカラーを赤く光らせろ」と書いていれば，すべてのピクセルに対してその命令が実行されるので，全体が赤く光ります．人間社会では他人の気持ちで考えることが大切ですが，フラグメントシェーダプログラミングでは**ピクセルの気持ちになって考える**ことが大切です．

＊2　例えばThe Book of Shaders（`thebookofshaders.com`）は本書と似たトピックスを扱っていますが，実装はGLSL ES 1.0です．

＊3　組み込み関数のヴァージョン対応状況についてはKhronosのリファレンス（`https://registry.khronos.org/OpenGL-Refpages/es3.0/`）参照．

Shadertoy での実装

まずShadertoyでシェーダを書いてみましょう．shadertoy.com にアクセスすると，そのトップページには最近投稿されたシェーダの中でピックアップされたものが表示されています．右上の new ボタンからシェーダを新規作成し，以下のように新しく書いてみましょう．

コード 0.1：Shadertoy での Hello World

```
1  void mainImage(out vec4 fragColor, in vec2 fragCoord){// フラグメントカラーを計算する関数
2      fragColor = vec4(1.0, 0.0, 0.0, 1.0);// フラグメントカラーに RGBA 色データを代入
3  }
```

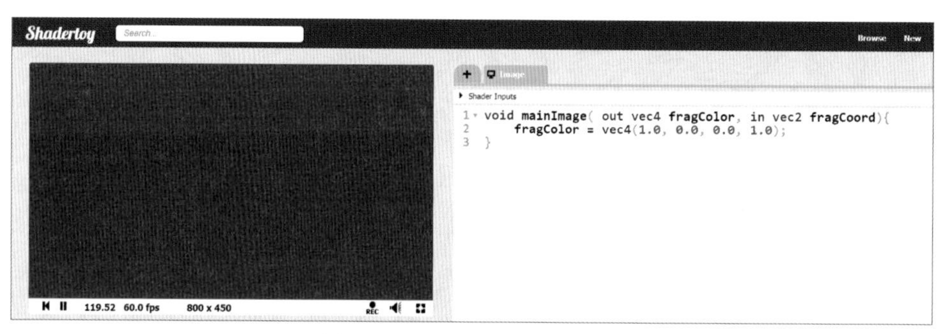

図 0.1：Shadertoy での Hello World

Shadertoyでは mainImage 関数がメイン関数です．この関数の引数には in 修飾子と out 修飾子の付いた2つの変数がありますが，これらはレンダリングパイプラインにおいて，フラグメントシェーダに流れてきたデータとそこから流し出すデータを意味します．ここで vec2 は2次元ベクトル型変数，vec4 は4次元ベクトル型変数です．mainImage 関数の仕事は fragColor に **RGBA 色情報を4次元ベクトルで代入する**ことです．ディスプレイ上のピクセルの色は光の三原色であるR（赤）G（緑）B（青）の色のかけ合わせでできており，その光量をそれぞれ0以上1以下の浮動小数点数で指定しています[*4, 5]．Aは色の透過を定めるアルファ値ですが，本書ではアルファ値は使わないため，常に1とします．2行目の fragColor への代入は，ピクセルを赤色に光らせることを指示しています．つまりこのシェーダは，すべてのピクセルに対しフラグメントカラーを赤くします．

*4　正確には，RGBの値がディスプレイに表示されるピクセルごとの光の量にそのまま対応されるとは限りません．通常ディスプレイの光の輝度は，人間の色の見え方に合わせて補正されています．「そのまま対応」のRGB色空間はリニア色空間と呼ばれています．

*5　浮動小数点数は 1. や .0 のような省略表記も可能ですが，小数点がない場合は整数値として扱われます．GLSLは型に厳密であり，引数が浮動小数点型の関数に整数値を入れるとエラーとなるので注意しましょう．

glsl-canvas での実装

次に VSCode でシェーダを書いてみましょう[*6]. VSCode に拡張機能として glsl-canvas を追加した上で新規ファイルを作成し，以下のコードを書きます．ファイル名や拡張子はとくに何でも構いませんが，分かりやすいよう拡張子は .frag としておきましょう．コマンドパレットを開き，show glslCanvas を実行して，タブの中が赤く塗りつぶされていればレンダリング成功です．

コード 0.2：glsl-canvas での Hello World（0_0_helloWorld）

```
#version 300 es//GLSL のバージョンを指定（GLSL ES 3.0）
precision highp float;// 浮動小数点の精度を指定
out vec4 fragColor;
void main(){
    fragColor = vec4(1.0, 0.0, 0.0, 1.0);
}
```

```
helloWorld.frag
Shader > ch0 > helloWorld.frag
1 #version 300 es
2 precision mediump float;
3 out vec4 fragColor;
4 void main() {
5     fragColor = vec4(1.0, 0.0, 0.0, 1.0);
6 }
```
glslCanvas

図 0.2：glsl-canvas での Hello World

これはコード 0.1 と同じプログラムですが，やや書き方が変わることに注意しましょう．1 行目ではまず使用する GLSL のヴァージョンを宣言します．本書で使う GLSL ES 3.0 の場合は `#version 300 es` と書きます．さらに 2 行目では GPU で扱う浮動小数点数の精度を設定します．精度は `highp`（高い），`mediump`（中くらい），`lowp`（低い）の 3 段階から選ぶことができ，それを 2 行目に指定しています．旧型の安価なマシンを使う場合は精度を落として設定することもありますが，この本では `highp` 精度を使うこととします[*7]．3 行目では `out` 修飾子を付けた `fragColor` 変数を宣言し，4–6 行目の `main` 関数でこれに値を代入してフラグメントカラーを決定します．

＊6　本書では VSCode の導入や使用方法には触れません．

＊7　GLSL ES 3.0 での highp 浮動小数点数設定は IEEE 754 の単精度浮動小数点形式（第 2 章参照）に準拠しています．

NOTE 1［Processingとの違い］ グラフィックスプログラミングのツールにProcessingがあります．Processingでも`background(255, 0, 0)`と書いて実行すれば，同じように赤色で全体が塗りつぶされますが，シェーダのプログラミングとProcessingのプログラミングは根本的に異なります．その一番の違いは，シェーダはGPUでプログラムを実行しているのに対し，ProcessingはCPUでプログラムを実行していることです．Processingで図形を描いて表示する際には，CPUで図形の頂点位置や色に関する計算を行い，そのデータをGPUに送ってレンダリングします．ここでシェーダは（ユーザーが改変しない限り）固定のものが使われています．Processingではレンダリングのプロセス自体をユーザーが意識せずに使えるよう設計されており，GPUのレンダリングパイプラインのことを知らずとも絵を描くことができます．

頂点を動かして絵を描くProcessingの描画では，ユーザーがピクセル全体を俯瞰で見渡して，頂点の位置をコントロールすることができます．そのため画家が絵を描くことに近い感覚で描画することが可能です．一方，そういった「画家」視点の描画とは異なり，シェーダプログラミングは「キャンバス」視点からの描画です．キャンバスをマス目に区分けて，各マス目に対してどんな色を塗るかを指示しなければなりません．それは，マスゲームのように整列した群衆に動きを指示するようなものであり，Processingとは別の考え方が必要とされます．

UIの使いやすさやプログラミングの取っつきやすさを考えるとProcessingに分があり，また矩形や円などの基本的な図形を並べるだけでしたら，Processingで十分に事足ります．しかしながら，本書で扱うようなノイズ表現ではピクセルごと並列に計算をする必要があり，そのような場合はシェーダプログラミングのパフォーマンスが圧倒的に勝ります．ノイズ関数やSDFによるリアルタイムグラフィックス生成は，まさにGPUならではの表現技法なのです．

0.3　ビューポート解像度とフラグメント座標

レンダリング結果は，ディスプレイの中の決められた領域に表示されます．グラフィックスの表示される領域をビューポートと呼びます．この領域の解像度は**ビューポート解像度**と呼ばれます．例えばビューポートがフル HD ディスプレイ全体であるならば，ビューポート解像度は 1920×1080 です．シェーダの強みは，**この数百万のピクセルに対して一気に計算できる**ことです．大量のピクセルに対して順に 1 つずつ計算するのではなく，ピクセルの分だけ個別かつ同時に関数を実行することによって，高速な計算を可能にします．このような計算手法は**並列計算**と呼ばれています．

ビューポートの左下の頂点を原点とし，右方向に x 軸，上方向に y 軸をとると，ビューポート内のピクセルを座標で表すことができます．これを**フラグメント座標**と呼びます．例えばビューポートの左から 5 列目，下から 10 行目のピクセルのフラグメント座標は浮動小数点数を成分とするベクトル $(4.0, 9.0)$ であり，ビューポートのサイズがビューポート解像度に対応します．

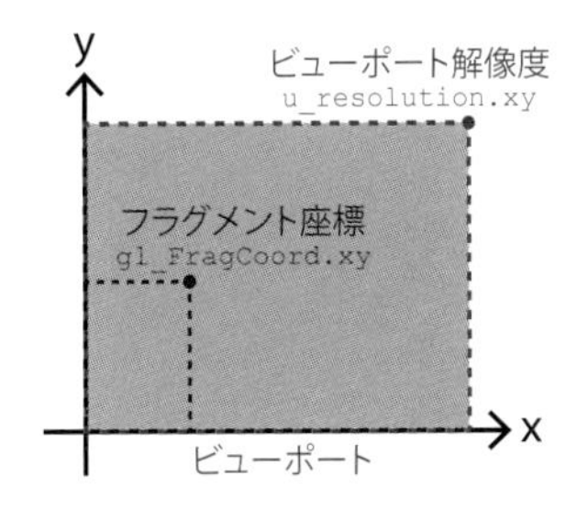

図 0.3：ビューポート解像度とフラグメント座標

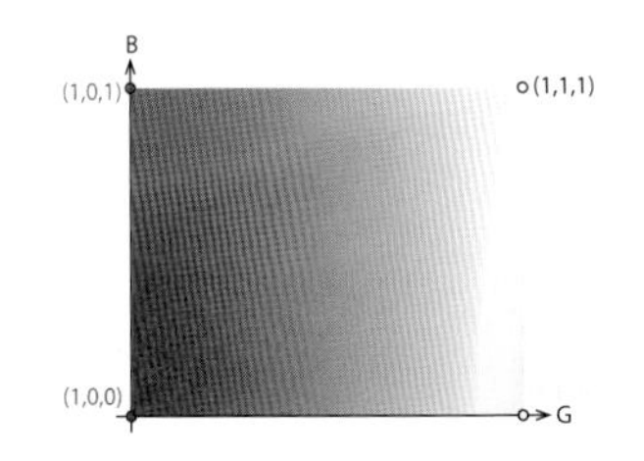

図 0.4：正規化したフラグメント座標に対応する RGB カラー（0_1_helloWorld）

ビューポート解像度の値と各ピクセルが持つ固有のフラグメント座標値は，メイン関数での計算に使うことができます．これらの値を使ってグラデーションを描いてみましょう．

コード 0.3：Shadertoy におけるフラグメント座標とビューポート解像度

```
1  void mainImage(out vec4 fragColor, in vec2 fragCoord ){
2      vec2 pos = fragCoord.xy / iResolution.xy;// フラグメント座標を正規化
3      fragColor = vec4(1.0, pos, 1.0);
4  }
```

コード 0.4：glsl-canvas におけるフラグメント座標とビューポート解像度（0_1_helloWorld）

```
1  #version 300 es
2  precision highp float;
3  out vec4 fragColor;
4  uniform vec2 u_resolution;//ビューポート解像度
5  void main(){
6      vec2 pos = gl_FragCoord.xy / u_resolution.xy;//フラグメント座標を正規化
7      fragColor = vec4(1.0, pos, 1.0);
8  }
```

フラグメント座標のデータは，Shadertoy では fragCoord 変数，glsl-canvas では gl_FragCoord 変数の xy 座標に格納されています．フラグメント座標はピクセルごとに変わる値である一方，ビューポート解像度はピクセルごとには変わらない一様（uniform）な値です．このような値は**ユニフォーム変数**と呼ばれます．Shadertoy では iResolution によってビューポート解像度を取得できます．また glsl-canvas では uniform 修飾子を付けた 2 次元ベクトル u_resolution を宣言する必要があります．ユニフォーム変数としては，他にプログラム実行開始からの経過時間（Shadertoy では iTime，glsl-canvas では u_time）やビューポート内でのマウスの座標（Shadertoy では iMouse，glsl-canvas では u_mouse）も取り出すことができます．

ビューポート解像度の各成分でフラグメント座標の各成分を割ると，その成分は $[0,1]$ 区間内に収まります．このように値の範囲を $[0,1]$ 区間にスケールすることを**正規化**と呼びます．フラグメント座標はそのままでは扱いづらいため，しばしば正規化して使います．GLSL ではベクトル変数に .xy を付けることでその xy 成分からなるベクトルをつくることができ，フラグメント座標の正規化はコード 0.3 の 2 行目，またはコード 0.4 の 6 行目の形で記述することができます．

RGB の色情報は立方体に含まれる点と対応しています．つまり RGB で表現可能な色の全体は立方体と同一視できますが，このような色と対応した図形を**色空間**と呼びます．図 0.4 のグラデーションは，RGB 色空間である立方体（図 0.5）の上側の面を表しています．

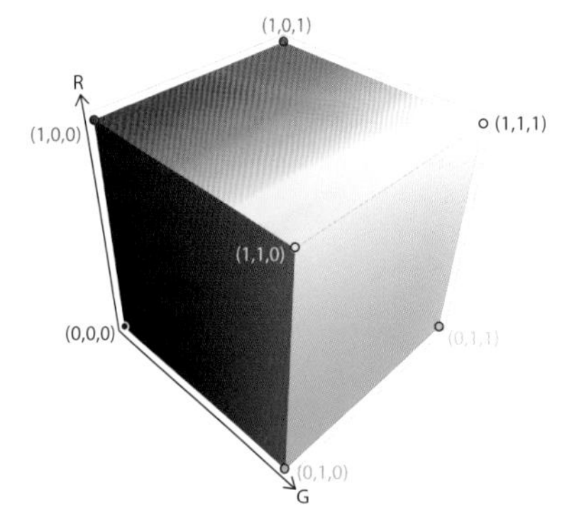

図 0.5：RGB 色空間

Perlin Noise with Domain warping
パーリンノイズ（第４章）とドメインワーピング（第５章）を使ったテクスチャ.

第 I 部

アート・オブ・ノイズ

そして、ノイズとは美しいものだと認識するようになったんだ。
決して攻撃的なものではなくね。

――Kevin Shields
『ギター・マガジン』インタビュー（リットーミュージック，2021 年 6 月号）より

[部扉写真]
“Nocturne”(2020)
西陣織企業細尾の研究開発事業 QUASICRYSTAL で，著者との共作により制作したテキスタイル作品．ノイズ関数をもとに織物組織を生成し，三重織りに応用している．素材として各層に綿糸，金箔，銀箔，銀糸を使用することで，凹凸のあるテクスチャをつくりだしている．
Courtesy of Hosoo Co.,Ltd.
Photo by Kotaro Tanaka

第1章 補間

そもそもシェーダは陰をつける，つまり光の当たり方のグラデーションを描くことによって 3D に見せることに特化したプログラムでした．この章では，シェーダが得意とするグラデーションの基本である補間について学びます．補間とはバラバラの値をつなぐための技法です．例えば2つの色をその中間の色で連続的につなげば，2色をつなぐグラデーションができます．さらに色のグラデーションだけではなく，時間軸に沿ってつなげば，アニメーションに応用することも可能です．補間を使った様々なグラデーション手法を見てみましょう．

1.1 線形補間とグラデーション

座標空間上の2点 A, B の位置ベクトルを $\mathbf{a}, \mathbf{b}$ としましょう [*1]．ベクトルに値を持つ $[0,1]$ 区間上の関数 $f(x)$ で $f(0)=\mathbf{a}, f(1)=\mathbf{b}$ を満たすものがあるとき，これを**補間関数**と呼びます．補間関数 $f(x)$ が与えられたとき，$[0,1]$ 区間内の点を刻んで x に代入すれば，$\mathbf{a}, \mathbf{b}$ の間をつなぐことができます．このように2点間をつなぐことを**補間**と呼びます．

最も単純な補間は，A と B を線分でつなぎ，その線分上を動くように補間関数をとることです．0 以上 1 以下の値 x に対し，線分 AB を $x:(1-x)$ に内分する点の位置ベクトルは

$$\mathbf{a}+x\overrightarrow{\mathrm{AB}}=\mathbf{a}+x(\mathbf{b}-\mathbf{a})=(1-x)\mathbf{a}+x\mathbf{b}$$

で得られます（図 1.1）．ここで上の式のベクトルを $\mathrm{mix}(\mathbf{a},\mathbf{b},x)$ として定義すれば，この

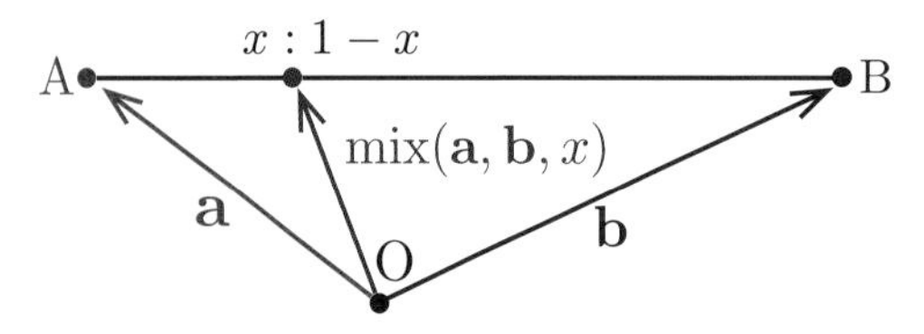

図 1.1：線分 AB 上のベクトル

*1 この本でベクトルは太字のアルファベットで表すこととします．また点 X の位置ベクトルが $\mathbf{x}$ であるとき，$\mathrm{X}(\mathbf{x})$ と書きます．

mix 関数は 0 で値 $\mathbf{a}$ を，1 で値 $\mathbf{b}$ をとる，x を変数としたベクトル値関数と見なせます．

mix 関数の値の成分は x の 1 次関数で書けますが，このような関数は線形関数と呼ばれます．線形な補間関数による補間を**線形補間**（linear interpolation, lerp）と呼びます．色空間上で 2 点を選んで線形補間すれば，2 色をつなぐグラデーションができます．RGB 色空間上で赤 $(1,0,0)$ と青 $(0,0,1)$ をつなぐ線形補間をプログラミングしてみましょう．

コード 1.1：2 つのベクトルをつなぐ線形補間（1_0_lerp）

```
1  void main(){
2      vec2 pos = gl_FragCoord.xy / u_resolution.xy;
3      vec3 RED = vec3(1.0, 0.0, 0.0);// 赤
4      vec3 BLUE = vec3(0.0, 0.0, 1.0);// 青
5      vec3 col = mix(RED, BLUE, pos.x);//x 座標上の線形補間
6      fragColor = vec4(col, 1.0);
7  }
```

図 1.2：2 色をつなぐグラデーション（1_0_lerp）

GLSL では mix 関数が組み込まれており，これを使えば色空間内で赤と青をつなぐ線分上のベクトルを計算できます．2 行目でフラグメントの x 座標範囲を $[0,1]$ 区間に正規化し，5 行目でこの x 座標に対して中間色を決定しています．

3 点の線形補間

色空間上の点を 3 点選び，順に線分でつなげば，3 色をつなぐグラデーションができます．赤と青と緑をつなぐ線形補間[*2] をプログラミングしてみましょう．

＊2　厳密にいうと，3 点をつなぐ線はまっすぐな線とは限らず，折れ曲がった線でもありえるため，補間関数は「区間的な」線形関数ですが，これも線形補間と呼びます．

コード 1.2：3 つのベクトルをつなぐ線形補間（1_1_lerpTriple）

```
1  vec3[3] col3 = vec3[](// ベクトルの配列
2      vec3(1.0, 0.0, 0.0),//col3[0]: 赤
3      vec3(0.0, 0.0, 1.0),//col3[1]: 青
4      vec3(0.0, 1.0, 0.0)//col3[2]: 緑
5  );
6  pos.x *= 2.0;//x 座標範囲を [0,2] 区間にスケール
7  int ind = int(pos.x);// 配列のインデックス
8  vec3 col = mix(col3[ind], col3[ind + 1], fract(pos.x));//x 軸に沿った赤，青，緑
   の補間
```

図 1.3：3 色をつなぐグラデーション（1_1_lerpTriple）

GLSL ではベクトルの配列は 1–5 行目の形で定義します．6 行目でフラグメントの x 座標範囲を $[0,2]$ 区間にスケールし，それを整数型に変換すると（7 行目），x 座標に応じて 0，1，2 の値をとります．これをインデックスとして，配列から連続する 2 つのベクトルを取り出し，線形補間します．8 行目の fract 関数は浮動小数点数を（整数）＋（0 以上 1 未満の小数）としたとき，その小数部分をとるための組み込み関数（後述する床値を使えば $\mathrm{fract}(x) = x - \lfloor x \rfloor$ ）です．例えば $\mathrm{fract}(2.3) = 0.3$，$\mathrm{fract}(-1.8) = 0.2$ です．

双線形補間

補間関数を 2 変数にすると，2 次元区間上の補間を考えることができます．座標空間上の 4 点 $\mathrm{A}(\mathbf{a}), \mathrm{B}(\mathbf{b}), \mathrm{C}(\mathbf{c}), \mathrm{D}(\mathbf{d})$ に対して，A と B，C と D をつないで線形補間し，さらに線分 AB と線分 CD の内分点どうしをつないで線形補間します．つまり 2 変数関数

$$f(x, y) = \mathrm{mix}(\mathrm{mix}(\mathbf{a}, \mathbf{b}, x), \mathrm{mix}(\mathbf{c}, \mathbf{d}, x), y)$$

を取りましょう．これは $f(0,0) = \mathbf{a}$，$f(1,0) = \mathbf{b}$，$f(0,1) = \mathbf{c}$，$f(1,1) = \mathbf{d}$ を満たす，2 次元区間の上の補間関数です．この補間関数を使った補間を**双線形補間**と呼びます．ただし 4

点をつなぐ面は平面とは限らず（これは線織面と呼ばれる曲面です），この補間関数は一般には線形関数ではありません．RGB 色空間の 4 点をつないで，双線形補間してみましょう．

コード 1.3：2 次元区間上の双線形補間（1_2_bilerp）

```
1 vec3[4] col4 = vec3[](
2         vec3(1.0, 0.0, 0.0),//col4[0]: 赤
3         vec3(0.0, 0.0, 1.0),//col4[1]: 青
4         vec3(0.0, 1.0, 0.0),//col4[2]: 緑
5         vec3(1.0, 1.0, 0.0)//col4[3]: 黄
6 );
7 vec3 col = mix(mix(col4[0], col4[1], pos.x), mix(col4[2], col4[3], pos.x),
  pos.y);
```

図 1.4：4 色をつなぐ 2 方向のグラデーション（1_2_bilerp）

1.2 階段関数によるポスタリゼーション

線形補間はバラバラの点を線や面で連続的につなぐ補間でした．補間関数が連続ではなく，飛び飛びの値をとるような関数ならば，連続階調のグラデーションではなく，階調数の落ちたモザイク状のグラデーションができます．このようにグラデーションの階調の数を落とすことは**ポスタリゼーション**（ポスター化）と呼ばれます．

ポスタリゼーションをつくるために，階段関数を導入しましょう．階段関数は，文字通り階段のように途中でジャンプする関数です．階段関数はある数値を境目として，0 と 1 の値をとります．この境目の値は**しきい値**と呼ばれています．数値 a をしきい値として，階段関数を次のように定義します．

$$\mathrm{step}(a, x) = \begin{cases} 0 & (x < a \text{ の場合}), \\ 1 & (a \leqq x \text{ の場合}) \end{cases}$$

この階段関数では 0 か 1 の 2 階調しかつくれませんが，fract 関数と床関数を組み合わせて

多階調化することができます．床関数は実数値に対し，その値以下の最大の整数値（床値）をとる関数です．床関数は $\lfloor \bullet \rfloor$ を使って記述し，例えば $\lfloor 4.2 \rfloor = 4$, $\lfloor -0.2 \rfloor = -1$ です．

$$(\lfloor nx \rfloor + \mathrm{step}(0.5, \mathrm{fract}(nx)))/n$$

とすれば，$[0,1]$ 区間を段階的に値が $1/n$ ずつ上がるような関数が得られます（図 1.5）．この関数と mix 関数を組み合わせて補間関数を階段状にすれば，ポスタリゼーションができます（図 1.6）．GLSL では階段関数は `step`，床関数は `floor` が組み込まれています．

コード 1.4：補間関数の階段化（1_3_posterization）

```
1  int channel;// 表示するシェーダのチャンネル
2  void main(){
3      vec2 pos = gl_FragCoord.xy / u_resolution.xy;// フラグメント座標を正規化
4      ...
5      float n = 4.0;// 階調数
6      pos *= n;// フラグメント座標範囲を [0,n] 区間にスケール
7      channel = int(2.0 * gl_FragCoord.x / u_resolution.x);// ビューポートを分割
       して各チャンネルを表示
8      if (channel == 0){// 左：階段関数を使った補間
9          pos = floor(pos) + step(0.5, fract(pos));// フラグメント座標を階段化
10     } else {// 右：滑らかな階段関数（後述）を使った補間
11         ...
12     }
13     pos /= n;// フラグメント座標範囲を [0,1] 区間内に正規化
14     vec3 col = mix(mix(col4[0], col4[1], pos.x), mix(col4[2], col4[3], pos.x),
       pos.y);
15     fragColor = vec4(col, 1.0);
16 }
```

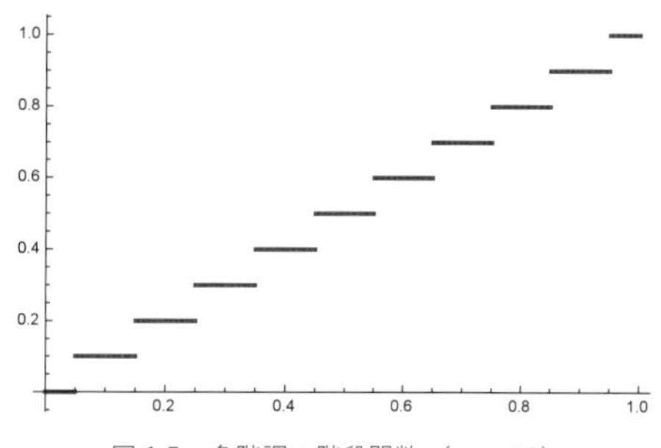

図 1.5：多階調の階段関数（$n = 10$）

図 1.6：ポスタリゼーション（1_3_posterization）

滑らかな階段関数

階段関数はしきい値を境に値が急に飛ぶため，図 1.6 を見ると色の切り替わりの境界線がくっきりと浮かび上がります．階段関数のように，グラフがぶつ切りでバラバラになってしまうような関数は不連続関数と呼ばれています．逆につながったグラフを持つ関数は**連続関数**と

呼ばれています．さらにそのグラフに角がなく滑らかにつながっている場合は**滑らかな関数**と呼ばれています．実は**グラフィックスの性質は，連続性や滑らかさといった関数の性質と密接に関わっています**．これは本書で随所に表れる，とても重要なポイントです．第3章以降で説明するように，滑らかさには微分が関係しています．

しきい値を点ではなく範囲で指定し，その範囲内で「ゆっくり飛ぶ」ような関数を考えましょう．このような関数で，滑らかにグラフがつながったものを**滑らかな階段関数**と呼びます．ゆっくり飛ぶ範囲の区間を $[a,b]$（ただし $a<b$）とし，滑らかな階段関数を次のように定義します．

$$\mathrm{smoothstep}(a,b,x)=\begin{cases}0 & (x<a \text{ の場合}),\\ t^2(3-2t) & (a\leqq x\leqq b \text{ の場合, ここで } t=\frac{x-a}{b-a}),\\ 1 & (x>b \text{ の場合})\end{cases}$$

この定義は一見分かりづらいですが，グラフで描いてみると滑らかにジャンプしていることが分かります（図 1.7）．滑らかな階段関数を使えば，境界線のぼけたポスタリゼーションが得られます（図 1.8）．

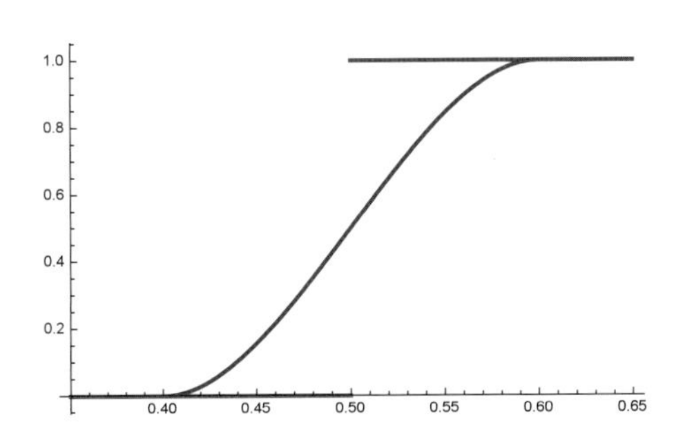

図 1.7： $\mathrm{step}(0.5,x)$ と $\mathrm{smoothstep}(0.4,0.6,x)$

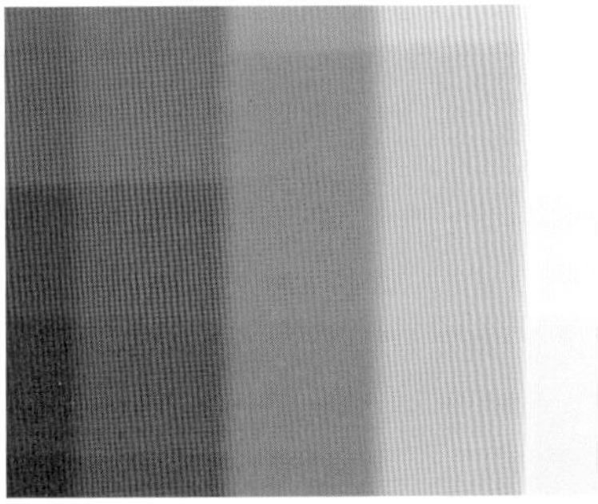

図 1.8：滑らかなポスタリゼーション（1_3_posterization）

コード 1.5：滑らかな階段関数を使った補間（1_3_posterization）

```
1  uniform float u_time;// 経過時間に関するユニフォーム関数
2  ...
3      float thr = 0.25 * sin(u_time);// 範囲の始点と終点を動かすパラメータ
4      pos = floor(pos) + smoothstep(0.25 + thr, 0.75 - thr, fract(pos));
```

1行目の u_time は，プログラム実行開始からの経過時間を秒単位の浮動小数点数で得るユニフォーム変数です．3行目ではサイン関数を使い，変数 thr の値を -0.25 から 0.25 の間で動かしています．これにしたがって，4行目では値の飛びはじめと飛び終わりが時間変動しています．この範囲が狭いほど色の境界線がくっきり表れ，広いほどぼやけることが分かります．

この滑らかな階段関数は3次関数であり，さらに値が補間されているだけではなく，実は微分値も補間されています．このような補間は**エルミート補間**と呼びます．エルミート補間については，第3章で詳しく扱います．

1.3 極座標を使ったマッピング

画像をあらかじめ用意し，それを貼り付けて模様をつくるCG技術を**テクスチャマッピング**と呼びます．また貼り付ける画像は**テクスチャ**と呼ばれます．とくにテクスチャが画像データではなく，数式などのアルゴリズムによって生み出されたものであるとき，それは**プロシージャルテクスチャ**と呼ばれます．テクスチャが画像データである場合，テクスチャマッピングの質がその画像データの解像度に依存してしまいますが，プロシージャルテクスチャの場合は解像度に依存しません．テクスチャマッピングは3Dグラフィックスでよく使われる技法ですが，2Dグラフィックスでも座標を変換してマッピングする（貼り付ける）ことで，元の画像を加工できます．

極座標

座標平面で通常使われる，直交する x 軸と y 軸による座標を直交座標といいます．一方，座標平面上で原点Oを除く点は，原点からの距離と基準軸からの回転角によって表すこともできます．これを**極座標**と呼びます．マッピングとは対応付けのことですが，直交座標に対してテクスチャをマッピングするのではなく，極座標に対してマッピングすることで，テクスチャを円形に回すように貼り付けることができます（クレープを鉄板の上で丸く回転するように広げて焼く焼き方をイメージしましょう）．

フラグメント座標は直交座標なので，これを極座標へ変換してみましょう．xy 平面上原点Oを除いた点 $\mathrm{P}(p_x, p_y)$ に対し，原点までの距離を**動径**と呼び，x 軸と $\overrightarrow{\mathrm{OP}}$ となす角を**偏角**といいます．動径は $\sqrt{p_x^2 + p_y^2}$ ですが，これは組み込み関数の`length`で計算できます．一方，偏角はtanの逆関数arctanを使って計算できます．arctanは数値 x に対し，$\tan(y) = x$ となる y を $-\pi/2$ から $\pi/2$ の範囲で返す関数です．Pの偏角を θ とすると，$\theta \neq \pm\pi/2$ でなければ，$\tan\theta = \sin\theta/\cos\theta = p_y/p_x$ が成り立つので，$\arctan(p_y/p_x)$ が θ の候補です．図1.9のように θ が $\pi/2$ より大きい場合については $\arctan(p_y/p_x) \neq \theta$ ですが，p_x, p_y の符号も加えて考慮すると，θ を決定できます．

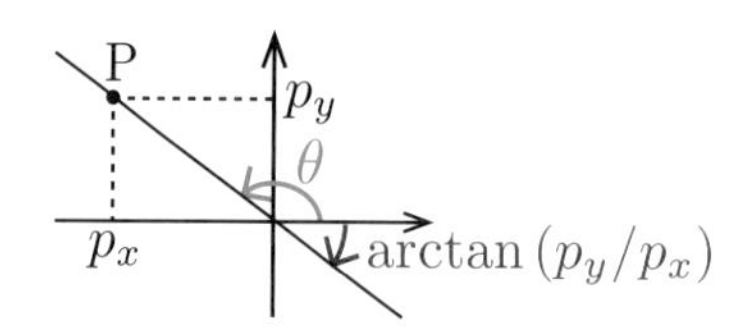

図1.9：arctan関数と偏角 θ

GLSL では arctan を拡張した，偏角を求める関数 atan が組み込まれており，座標平面の点の偏角を半開区間 $(-\pi, \pi]$ の範囲で定めることができます[*3]．ただしこの関数は $x = 0$ 上では定義されていないため，拡張版である atan2 関数をつくります．

コード 1.6：偏角を求める関数（1_4_polar）

```
1  const float PI = 3.1415926;// 円周率を定数値として定義する
2  float atan2(float y, float x){// 値の範囲は (-PI,PI]
3      if (x == 0.0){
4          return sign(y) * PI / 2.0;
5      } else {
6          return atan(y, x);
7      }
8      // 注：三項演算子（第 4 章参照）を使えば，上記の if 節を使わずに次の 1 行で書ける．
9      //return x == 0.0 ? sign(y) * PI / 2.0 : atan(y, x);
10 }
```

GLSL では円周率定数が組み込まれていないので，円周率の定数 PI を自前でハードコーディングします．修飾子 const はプログラム実行中に変化しない値に対して使いますが，ここではある程度の桁数の円周率の値を定数としてあらかじめ定義しておきます（浮動小数点数が扱える桁数については次章で説明しますが，ここではおよそ 8 桁分を用意すれば十分です）．4 行目の sign 関数は引数が正ならば 1.0，負ならば -1.0，ゼロならば 0.0 を返す組み込み関数です．本来原点の偏角は定義されませんが，便宜上原点の偏角は 0 とします．

atan2 を使って直交座標を極座標に変換する関数 xy2pol，逆に極座標を直交座標に変換する関数 pol2xy を次のように定義します．

コード 1.7：直交座標と極座標の変換（1_4_polar）

```
1  vec2 xy2pol(vec2 xy){
2      return vec2(atan2(xy.y, xy.x), length(xy));
3  }
4  vec2 pol2xy(vec2 pol){// 引数は（偏角，動径）の組み合わせからなるベクトル
5      return pol.y * vec2(cos(pol.x), sin(pol.x));
6  }
```

マッピング

マッピングとは対応付けのことです．ここでは極座標をテクスチャに対応させてテクスチャマッピングします．対応させるテクスチャ内の座標は**テクスチャ座標**と呼ばれており，マッピングされる側の座標とは別の座標を使います．まず前節までにつくったグラデーションを，極座標を使ってマッピングしてみましょう．

＊3　atan は引数が 2 つの場合は偏角の値を返し，1 つの場合は通常の arctan の値を返します．

コード 1.8：極座標を使ったテクスチャマッピング（1_4_polar）

```
vec3 tex(vec2 st){//s: 偏角, t: 動径
    vec3[3] col3 = vec3[](
        vec3(0.0, 0.0, 1.0),//col3[0]: 青
        vec3(1.0, 0.0, 0.0),//col3[1]: 赤
        vec3(1.0)//col3[2]: 白（ベクトルの成分がすべて同じ値となる場合の記法）
    );
    st.s = st.s / PI + 1.0;// 偏角の範囲を [0,2) 区間に変換
    int ind = int(st.s);// 偏角を配列のインデックスに対応
    vec3 col = mix(col3[ind % 2], col3[(ind + 1) % 2], fract(st.s));// 偏角に沿って赤，青，赤を補間
    return mix(col3[2], col, st.t);// 動径に沿って col と白を補間
}
void main(){
    vec2 pos = gl_FragCoord.xy / u_resolution.xy;// フラグメント座標の正規化
    pos = 2.0 * pos.xy - vec2(1.0);// フラグメント座標範囲を [-1,1] 区間に変換
    pos = xy2pol(pos);// 極座標に変換
    fragColor = vec4(tex(pos), 1.0);// テクスチャマッピング
}
```

GLSL では 4 次元までのベクトルを扱うことができますが，それらはフラグメント座標，テクスチャ座標，RGBA カラーといった異なる用途で使われます．その使い分けのため，xyzw，stpq，rgba の異なる座標変数名で成分へアクセスできる仕様になっています．このコードでは st.s，st.x，st.r，st[0] は同じ数値であり，st.t，st.y，st.g，st[1] は同じ数値です．本書でも用途に合わせて，座標変数名を使い分けます．

極座標を使ってマッピングする場合，**偏角が 1 周すると元の位置に戻る**ことと**原点に近い部分では 1 周が短くなる**ことを考慮する必要があります．マッピングしたグラデーションが連続的につながるようにするためには，図 1.10 のようにテクスチャの端でつなぎ目がうまくつながるようにグラデーションをつくります．

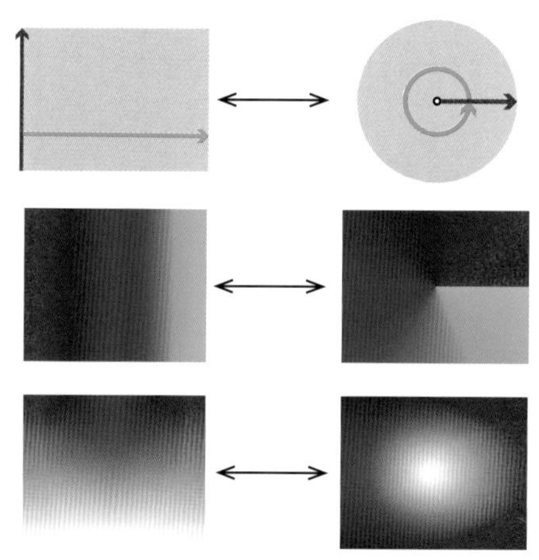

図 1.10：極座標を使ったテクスチャマッピング（1_4_polar）

グラデーションの時間変容

極座標の偏角の値を時間変数で動かせば，xy 座標平面上でベクトルが円周上を動きます．RGB色空間内でベクトルを動かし，グラデーションの色を連続的に移り変わらせてみましょう．

コード 1.9：時間変容するグラデーション（1_5_polarRot）

```
vec3 tex(vec2 st){
    float time = 0.2 * u_time;// 時間の速度調整
    vec3 circ = vec3(pol2xy(vec2(time, 0.5)) + 0.5, 1.0);//(0.5, 0.5, 1.0) を中心とした，z=1 平面上の半径 0.5 の円上を動くベクトル
    vec3[3] col3 = vec3[](// スウィズル演算子を使って circ の成分をずらし，3 つのベクトルをつくる
        circ.rgb, circ.gbr, circ.brg
    );
    st.s = st.s / PI + 1.0;
    st.s += time;// 偏角を時間とともに動かす
    ...
}
```

図 1.11：時間変容するグラデーション（1_5_polarRot）

5 行目の 3 つのベクトルはスウィズル演算子と呼ばれる方法を使い，circ の成分の入れ替えてベクトルを生成しています．スウィズル演算子は，rgb の並べ方でその成分を決めます．例えば v = vec3(1.0, 2.0, 3.0) に対して，v.rg は vec2(1.0, 2.0)，v.bgr は vec3(3.0, 2.0, 1.0)，v.ggb は vec3(2.0, 2.0, 3.0) と同じです．つまり 5 行目の col3 の各要素は，RGB 色空間の立方体の 3 つの側面上を円状に動くベクトルです．

NOTE 2［色空間変換］ RGB色空間は立方体と同じだと見なすことができました．この立方体を変形することで色空間を変換できます．HSVモデルは色相（Hue），彩度（Saturation），明るさ（Value）の3要素によって色を指定する，色空間が円錐となるようなモデルです．円錐の内部の点は円盤上の点と高さによって指定できますが，ここで円盤上の点の偏角と動径が色相と彩度，高さが明るさに対応しています．HSVからRGBへの変換は，次のコードによって与えられます．

コード1.10：RGBからHSVへの色空間変換（1_6_hsv2rgb）

```
1  vec3 hsv2rgb(vec3 c){//iq "Smooth HSV" https://www.shadertoy.com/view/MsS3Wc
2      vec3 rgb = clamp(abs(mod(c.x*6.0+vec3(0.0,4.0,2.0),6.0)-3.0)-1.0, 0.0,
       1.0);
3      return c.z * mix(vec3(1.0), rgb, c.y);
4  }
```

図1.12：HSV色空間の断面（1_6_hsv2rgb）

この変換の式はやや技巧的なので詳しい説明は省きますが，RGB立方体の各頂点を次のように対応させ，これをうまく補間することによって得られます．

- 黒 $(0,0,0)$ $\longleftrightarrow$ 円錐の頂点
- 白 $(1,1,1)$ $\longleftrightarrow$ 円錐の底面の中心
- その他6つの立方体の頂点 $\longleftrightarrow$ 円錐の底面の円周上の6等分点

Vector Field with Noise
ノイズの勾配をとるとベクトル場が得られる．前フレームの描画結果をテクスチャとして流用し，ベクトル場の流れに沿って動かして合成することで，ゆらぎのあるアニメーションをつくることができる．

第2章 疑似乱数

次章以降に登場するノイズ関数は，平たく言えば乱数を補間して得られる関数です．多くのプログラミング言語では最初から乱数値を得るためのランダム関数が組み込まれていますが，GLSL にはランダム関数は組み込まれておらず，自前で用意する必要があります．この章では乱数のつくり方について学びます．

乱数とは何か?

そもそも乱数と呼ぶべき性質とは何でしょうか？　例えば私たちは「サイコロの出目」や「トスしたコインの表裏」，「シャッフルしたトランプから選んだカードの数」などを乱数として使いますが，これらは次のような性質を持っています．

- 出る値に偏りがなく，均等にバラついている（無作為性）
- 過去の結果から未来の結果を予測できない（予測不可能性）
- 完全に同じ状況を再現することができない（再現不可能性）

サイコロやコイントスの場合，元をたどれば物理現象に依拠しており，コンピュータの計算だけでこれらの性質を満たす完全な乱数をつくり出すことはできません．例えばコンピュータで 1＋1 の整数値計算をしたとき，2 以外の答えを返すことは（故障していない限り）ありえませんし，私たちがじゃんけんをするようにコンピュータが思いつきの数値を出すこともできません．いかに乱数「っぽく」見えるアルゴリズムをつくるかということが重要です．このように何らかの計算アルゴリズムによってつくられた乱数は**疑似乱数**と呼ばれます．疑似乱数はアルゴリズムと乱数生成のための種となる入力データが分かれば再現可能です．以下，単に「乱数」と言う場合，それは疑似乱数を指すものとします．

ノイズ関数で使う乱数

乱数はその用途によって求められる性能が異なります．暗号やパスワードなどで使われる乱数は，安全性のため高い予想不可能性が求められますが，グラフィックス用途では予想不可能に「見える」こと，つまり乱数を使ってテクスチャをつくったときに繰り返しパターンのような**目立つクセが表れない**ことが重要です．また無作為に見えるように，**ムラなくバラついている**ことも求められます．CGでは見た目に違和感を感じさせる不自然な要素を**アーティファクト**と呼びますが，乱数のムラやクセはノイズにアーティファクトを引き起こします．さらにリアルタイムで動くためには，なるべく計算コストの軽いものが必要です．

ここでは，**ハッシュ関数**を使って乱数を取ります．ハッシュ関数とは，入力データに対して固定長のデータを出力する関数ですが，その入力データが1ビットでも異なると値は大きく変わります．通常，ハッシュ関数は高い安全性が認められたもの（SHA-2など）を外部ライブラリから読み込んで使いますが，いま私たちが欲しいのは，上記のグラフィックス用途の乱数に合うハッシュ関数です．テクスチャとして使う場合，その値（ハッシュ値と呼ばれます）を浮動小数点数に変換して，$[0, 1]$ 区間内にスケールして使うため，そのスケールされた範囲内でランダムであれば問題ありません．また次章以降でつくる格子ノイズでは，例えば $1, 2, 3, 4, 5, \ldots$ と飛び飛びの浮動小数点数を順に入力したときに，それが $[0, 1]$ 区間内に乱数列を出力するようなハッシュ関数が必要です．

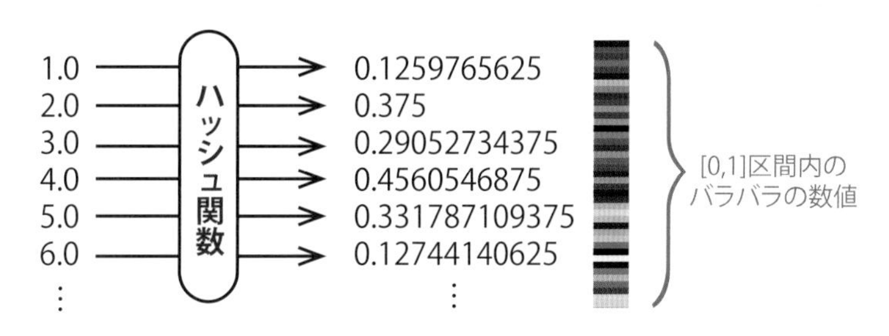

図2.1：ノイズに使うためのハッシュ関数

2.1 レガシー

まずGLSLプログラミングで伝統的によく使われていた乱数生成法について見てみましょう．ビット演算が使えないGLSL ES 1.0ではこの方法がよく使われていました[*1]．後に紹介するビット演算を使ったハッシュ関数との区別のため，これを**レガシー乱数**と呼ぶことします．

レガシー乱数ではサイン関数を使います．サイン関数自体に乱数性はありませんが，小数点以下の深い桁数部分からバラバラ「に見える」値を取り出します．例として，$\sin(0.01)$ の数値を計算してみましょう．

$$\sin(0.01) = 0.00999983333416667\cdots$$

*1　The Book of Shaders（thebookofshaders.com）ではこの方法が紹介されています．

$\sin(0) = 0$ より，$\sin(0.01)$ が 0 に近いことは計算せずとも分かりますが，小数部分の深い桁に行けば 0 から離れた値が出てきます．レガシー乱数では，サイン関数の値に大きな値をかけて桁を上げ，その小数部分をハッシュ値としてとります．

コード 2.1：レガシー乱数（2_0_legacy）

```
float fractSin11(float x){
    return fract(1000.0 * sin(x));
}
float fractSin21(vec2 xy) {
    return fract(sin(dot(xy, vec2(12.9898, 78.233))) * 43758.5453123);
}
void main() {
    vec2 pos = gl_FragCoord.xy;
    pos += floor(60.0 * u_time);// フラグメント座標を時間変動
    channel = int(2.0 * gl_FragCoord.x / u_resolution.x);// ビューポートを分割して各チャンネルを表示
    if (channel == 0){// 左：1 変数
        fragColor = vec4(fractSin11(pos.x));
    } else {// 右：2 変数
        fragColor = vec4(fractSin21(pos.xy / u_resolution.xy));
    }
    fragColor.a = 1.0;
}
```

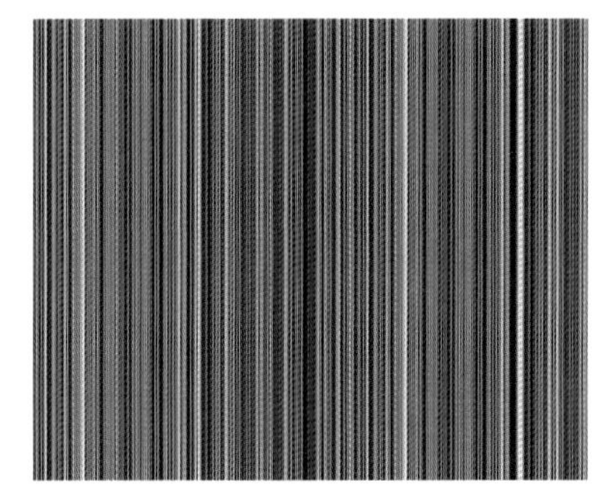

fractSin11

fractSin21

図 2.2：レガシー乱数（2_0_legacy）

1 変数の場合，フラグメントの x 座標に対応して，$\sin(1), \sin(2), \sin(3), \ldots$ と飛び飛びの値を順にとり，その小数点第 4 位以下の部分を乱数としています．また 2 変数の場合では，正規化したフラグメント座標に比重を与えて足し，そのサイン値に大きな値をかけて小数部分を取っています．5 行目の dot は内積（ドット積）です．内積について復習しておくと，2 つのベクトル $\mathbf{a} = (a_0, \ldots, a_n), \mathbf{b} = (b_0, \ldots, b_n)$ の内積は次の式で得られます．

$$\mathbf{a} \cdot \mathbf{b} = a_0 b_0 + \cdots + a_n b_n$$

5 行目で使われているマジックナンバーは，GLSL で伝統的によく使われている数値です．

この方法の欠点

レガシー乱数の生成方法は手軽にランダム（に見える）値が得られるので便利ですが，その欠点は浮動小数点精度に依存することです．この乱数生成では値の大きな浮動小数点数の小数部分を使うため，精度設定（precision）が低い場合や，GPU 性能の低いマシンでは，同じレンダリング結果が得られるとは限りません．さらに切り捨てた整数部分は無駄になってしまいます．またこのアルゴリズムとマジックナンバーが乱数の精度を保証する根拠は乏しく，一般的な乱数生成アルゴリズムとしてはあまり使われません．

2.2 進数表示とビット演算

GLSL ES 3.0 で乱数をつくるために必要なビット演算について学びましょう．コンピュータで扱うデータは 0 か 1 の情報を持つビットの列でできていますが，これは 2 進数表示された数として表すことができます．4 ビットで考えたとき，2 進数を 10 進数に対応させると，4 ビットの情報は表 2.1 のように $2^4 = 16$ 個の数に対応させることができます．また 4 ビット単位で位が上がる 16 進数表示もプログラミングではよく使われます．これは 0 から 9 までの数字と A から F までのアルファベットの合計 16 個の記号を使って，表 2.1 のように 2 進数と対応させます．

2 進数	0	1	10	11	100	101	110	111	1000	1001	1010	1011	1100	1101	1110	1111
10 進数	0	1	2	3	4	5	6	7	8	9	10	11	12	13	14	15
16 進数	0	1	2	3	4	5	6	7	8	9	A	B	C	D	E	F

表 2.1：2 進数，10 進数，16 進数表示の対応

一般に n 進数と 10 進数の進数変換は，数を n のべきの和に直すことによってできます．例えば 2 進数表示された数 $10011001_{(2)}$ と 16 進数表示された数 $\mathrm{B9}_{(16)}$ を 10 進数に変換する場合は，

$$10111001_{(2)} = 1\times2^7+0\times2^6+1\times2^5+1\times2^4+1\times2^3+0\times2^2+0\times2^1+1\times2^0 = 185$$
$$\mathrm{B9}_{(16)} = 11\times16^1+9\times16^0 = 185$$

と計算します（進数を明示する場合，数字の右下にその進数を書くこととします）．また 2 進数と 16 進数の変換はより単純で，表 2.1 の対応表で記号を置き換えるだけで変換できます．つまり次のように対応付けします．

$$\underbrace{1011}_{\mathrm{B}}\underbrace{1001}_{9}{}_{(2)} = \mathrm{B9}_{(16)}$$

進数が変わっても要は表示方法が異なるだけですから，たし算・引き算・かけ算・割り算の四則演算も同じようにできます．繰り上がり・繰り下がりに注意して筆算をすれば，2 進数では次のように計算できます．

$$
\begin{array}{rr}
 & 1011 \\
+ & 1001 \\
\hline
 & 10100
\end{array}
\qquad
\begin{array}{rr}
 & 1011 \\
- & 1001 \\
\hline
 & 10
\end{array}
\qquad
\begin{array}{rr}
 & 1011 \\
\times & 1001 \\
\hline
 & 1011 \\
 & 1011 \\
\hline
 & 1100011
\end{array}
\qquad
\begin{array}{r}
10 \\
100\overline{)\ 1011} \\
100 \\
\hline
11
\end{array}
$$

(16 進数)

$\mathrm{B} + 9 = 14$

$\mathrm{B} - 9 = 2$

$\mathrm{B} \times 9 = 63$

$\mathrm{B} \div 4 = 2 \cdots 3$

このような計算を，次に説明するビット演算と区別するため，**算術演算**と呼びます．

2 進小数

10 進数で考えたとき，例えば小数値の 12.345 は

$$12.345 = 1 \times 10^1 + 2 \times 10^0 + 3 \times 10^{-1} + 4 \times 10^{-2} + 5 \times 10^{-3}$$

と表すことができます．同じようにして，2 進数における小数値（2 進小数）を定義することができます．例えば，2 進小数 $1011.1001_{(2)}$ を 10 進数に変換する場合は次のように計算します．

$$1 \times 2^3 + 0 \times 2^2 + 1 \times 2^1 + 1 \times 2^0 + 1 \times 2^{-1} + 0 \times 2^{-2} + 0 \times 2^{-3} + 1 \times 2^{-4} \ = 11.5625$$

逆に 10 進小数を 2 進小数に変換するには，整数部を 2 のべきの和，小数部を 0.5 のべきの和にして表します．

2 進小数における桁の上げ下げは，10 進数で 2 のべきをかけることによってできます．つまり 2 進小数における小数点の位置は，2^3 をかけると 3 つ右にずれ，2^{-2} をかけると 2 つ左にずれます．よって，上の数値は

$$11.5625 = 1011.1001_{(2)} = 1.0111001_{(2)} \times 2^3 \tag{2.1}$$

と表すことができます．一般に 0 ではない有限桁数の 2 進小数は $1.\cdots_{(2)} \times 2^{\bullet}$ の形で表すことができます．この表示形式はビット列から浮動小数点数への変換時に使われます．

ビット演算

ビット演算はビット列に対する演算です．ここでは後で使うための排他的論理和と論理シフトの 2 つの演算について説明します．

排他的論理和（XOR）

1 ビットの情報の排他的論理和（XOR）は演算子 ^ によって表され，表 2.2 の演算表から決まります．またビット列に対する XOR は，2 つの同じ長さのビット列に対し，対応する桁のビットの情報を XOR することで得られます．例えば 4 ビットの XOR，8 ビットの XOR は，次のように計算されます．

^	0	1
0	0	1
1	1	0

表 2.2：排他的論理和（XOR）

$$
\begin{array}{rrl}
 & 1011 & \\
\hat{} & 1001 & \\
\hline
 & 0010 &
\end{array}
\quad
\begin{array}{rr}
 & 10111001 \\
\hat{} & 10100011 \\
\hline
 & 00011010
\end{array}
\quad
\begin{array}{l}
\textbf{(16 進数)} \\
\mathrm{B} \;\hat{}\; 9 = 2 \\
\mathrm{B9} \;\hat{}\; \mathrm{A3} = \mathrm{1A}
\end{array}
$$

論理シフト

論理シフトはビット列をずらす演算です．ビット列を左に1つずらせば左端の1ビットがあふれ，右端の1ビットが余りますが，あふれたビット情報は削除し，余ったビットの分は0で埋めます．これを**左シフト**と呼びます．ずらすビットの個数を n とするとき，左シフトは $<<$ を演算子として右に n を書きます．例えば $1011_{(2)}$ を左シフトする演算は，次のようになります．

$$1011 << 1 = 0110, \quad 1011 << 2 = 1100, \; 1011 << 3 = 1000, \quad 1011 << 4 = 0000$$

逆に右にずらす演算も同様に，右端にあふれたビット情報は削除し，余った左端のビットの分は0で埋めることで定めます．これを**右シフト**と呼びます．ずらすビットの個数を n とするとき，右シフトは $>>$ を演算子として書きます．例えば $1011_{(2)}$ を右シフトする演算は，次のようになります．

$$1011 >> 1 = 0101, \quad 1011 >> 2 = 0010, \; 1011 >> 3 = 0001, \quad 1011 >> 4 = 0000$$

16ビットの情報は16進数表示で4桁の数で表すことができますが，このときシフト演算は次のように計算されます．

$$\textbf{(16 進数)}\ \mathrm{56AD} << 4 = \mathrm{6AD0}, \quad \mathrm{AA24} >> 2 = \mathrm{2A89}$$

GLSL でのビット演算

GLSL ES 3.0ではXORやシフトなどのビット演算が可能です．上記の計算を実際にGLSLでプログラミングし，計算してみましょう．ただしシェーダは通常のプログラミングのようにコンソール出力ができないので，白黒でビット列を可視化します．

符号なし整数

GLSLにおける数値型は，よく使う浮動小数点数（`float`, floating point number）と整数（`int`, integer）のほか，符号なし整数（`uint`, unsigned integer）があります．符号なし整数はビット列をそのまま2進数表示した数値です．この符号なし整数型を使って，ビット列の情報，つまり2進数を可視化しましょう．

コード 2.2：符号なし整数の可視化（2_1_binary）

```
precision highp int;// 整数精度を 32 ビットに設定
...
void main() {
    vec2 pos = gl_FragCoord.xy / u_resolution.xy;// フラグメント座標範囲の正規化
    pos *= vec2(32.0, 9.0);// 座標のスケール
    uint[9] a = uint[](//2 進数表示する符号なし整数の配列
        uint(u_time),//a[0]: 経過時間
        0xbu,//a[1]: 符号なし整数としての 16 進数の B
        9u,//a[2]: 符号なし整数としての 9
        0xbu ^ 9u,//a[3]:XOR 演算
        0xffffffffu,//a[4]: 符号なし整数の最大値
        0xffffffffu + uint(u_time),//a[5]: オーバーフロー
        floatBitsToUint(floor(u_time)),//a[6]: 浮動小数点数のビット列を符号なし
        整数に変換
        floatBitsToUint(-floor(u_time)),//a[7]
        floatBitsToUint(11.5625)//a[8]
    );
    if (fract(pos.x) < 0.1) {
        if (floor(pos.x) == 1.0) {//1 桁目と 2 桁目の区切り線
            fragColor = vec4(1, 0, 0, 1);
        } else if (floor(pos.x) == 9.0) {//9 桁目と 10 桁目の区切り線
            fragColor = vec4(0, 1, 0, 1);
        } else {// その他の区切り線
            fragColor = vec4(0.5);
        }
    } else if (fract(pos.y) < 0.1) {// 横方向の区切り線
        fragColor = vec4(0.5);
    } else {
        uint b = a[int(pos.y)];//y 座標に応じて a の要素を表示
        b = (b << uint(pos.x)) >> 31;
        fragColor = vec4(vec3(b), 1.0);
    }
}
```

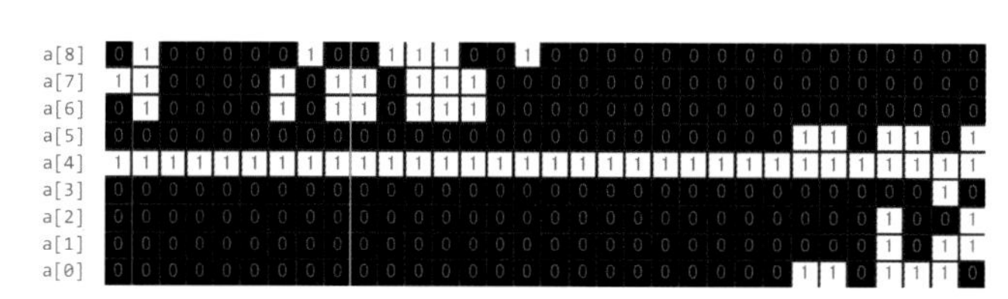

図 2.3：符号なし整数の可視化（2_1_binary）

GLSL のコードではまず浮動小数点数の精度を設定しますが，整数と符号なし整数に関しても同様に 3 段階（highp, mediump, lowp）の精度を設定できます．本書では 32 ビットの精度を持つ highp に設定します．32 桁の 2 進数を表示するために，ビューポートを x 軸方向に 32 分割し，各領域を各桁に対応させ，1 ならば白，0 ならば黒で描画します．29 行目では x 座標に合わせて左シフトし，31 右シフトする，つまり表示する桁を最上位の桁にずらして，さらにそれを最下位の桁にずらすことで，それが 0 か 1 かを判定します．

いま a[0] は経過時間を uint 型に変換していますが，これは浮動小数点数の整数部分をそのまま符号なし整数に置き換えます．つまり，1 秒ごとに 2 進数の値が 0 から増える様子が表示されます．GLSL では符号なし整数値として数値を記述するときは，数字の最後に u をつけます．さらに 16 進数表示の場合は数字の最初に 0x を付けます．例えば $\mathrm{B}_{(16)}$ は 0xbu です．$\mathrm{B}_{(16)} = 1011_{(2)}$ なので，a[1] を可視化すると，右から順に白白黒白の並びになります．また XOR の計算 $\mathrm{B}_{(16)}$ ^ $9_{(16)}$ は 0xbu^9u であり，a[3] の可視化はその演算結果である $10_{(2)}$ を表しています．

オーバーフロー

ビット数には制限があります．32 ビット符号なし整数ならば，0 以上 $2^{32} = 4294967296$ 未満の数値を表すことが可能です．数値がこの上限値を超えてしまうことを**オーバーフロー**と呼びます．GLSL では符号なし整数の演算結果がオーバーフローすると，**2^{32} で割った余りを計算します．** a[4] は 32 桁 2 進数の最大値，つまり 32 桁すべてが 1 である数なので，それを可視化するとすべて白に塗りつぶされます．また a[5] のように最大値に値を加えると，値は 0 に戻り，さらに値が順に増えることが分かります．

浮動小数点数のビット列

符号なし整数はビット列をそのまま 2 進数変換することによって得られましたが，負の数や小数部分を含む浮動小数点数の場合，ビット列から数値への変換は自明ではありません．32 ビット浮動小数点数は IEEE754 と呼ばれる標準規格があり，highp 精度の浮動小数点数ではこれに準拠して変換されます．IEEE754 では，32 ビットの情報を $b_0 \dots b_{31}$ の 2 進数で表したとき，それを符号部 b_0，指数部 $b_1 \dots b_8$，仮数部 $b_9 \dots b_{31}$ に分け，$c = b_1 \dots b_{8\,(2)}$ とし，

$$(-1)^{b_0} \times 2^{c-127} \times 1.b_9 \dots b_{31\,(2)}$$

によって計算します．なお指数部と仮数部のすべての桁が 0 である場合は，例外的に 0.0 を対応させます．例えば 11.5625 は，式（2.1）を使うと，$130 = 10000010_{(2)}$ であるから，

$$\underbrace{0}_{\text{符号部}}\ \underbrace{10000010}_{\text{指数部}}\ \underbrace{01110010\dots0}_{\text{仮数部}}$$

が対応するビット列です．GLSL ではビット列としての浮動小数点数を符号なし整数に変換する floatBitsToUint 関数が組み込まれており，a[8] の可視化は上のビット列と対応しています．

問題 2.1 10 個の浮動小数点数 $1.0, 2.0, \dots, 10.0$ に対応するビット列を計算し，その計算結果が合っていることを 2_1_binary を使って確かめよ．

2.3　ビット演算を使ったハッシュ関数

乱数はプログラミングには必要不可欠であり，その歴史も古く，乱数生成法としては様々な手法が提案されています．中でも Marsaglia [11] によって導入された Xorshift と呼ばれる手法は，実装が簡単で計算コストも軽く，比較的性能のいい乱数生成法として知られています．このアルゴリズムは，論理シフトして XOR する操作を何回か施すだけの至ってシンプルなものです．Xorshift には多くの派生版があり，和や積といった単純な算術演算を加えることで，さらに質を向上させることが可能です．

リアルタイムグラフィックスでも様々な乱数生成法が提案されており，Jarzynski-Olano [9] は約 30 ものハッシュ関数についてそのコストパフォーマンスを調べています*2．ここでも基本的には XOR と論理シフトと算術演算を組み合わせたものが，良いパフォーマンスを発揮しています．本書では Xorshift と算術積を使った方法により，ハッシュ関数をつくります．

ハッシュ関数の構成

ここでは浮動小数点数を $[0, 1]$ 区間内の浮動小数点数に写すハッシュ関数を，次の手続きによってつくります．

1. 浮動小数点数のビット列を符号なし整数に変換する（組み込み関数 `floatBitsToUint` を使う）
2. 符号なし整数型ハッシュ関数を使ってハッシュ値をとる（自作関数 `uhash11` を使う）
3. 符号なし整数の最大値でハッシュ値を割って，値を正規化する

したがって本質的には符号なし整数のハッシュ関数 `uhash11` がその乱数機能を担います．

コード 2.3：1 変数ハッシュ関数（2_2_hash1d）

```
1   uint k = 0x456789abu;// 算術積に使う大きな桁数の定数
2   const uint UINT_MAX = 0xffffffffu;// 符号なし整数の最大値
3   uint uhash11(uint n){// 符号なし整数のハッシュ関数
4       n ^= (n << 1);//1 左シフトして XOR
5       n ^= (n >> 1);//1 右シフトして XOR
6       n *= k;// 算術積
7       n ^= (n << 1);//1 左シフトして XOR
8       return n * k;// 算術積
9   }
10  float hash11(float p){// 浮動小数点数のハッシュ関数
11      uint n = floatBitsToUint(p);// ビット列を符号なし整数に変換
12      return float(uhash11(n)) / float(UINT_MAX);// 値の正規化
```

*2　実装については https://www.shadertoy.com/view/XlGcRh

```
13  }
14  void main(){
15      float time = floor(60.0 * u_time);//1 秒に 60 カウント
16      vec2 pos = gl_FragCoord.xy + time;// フラグメント座標をずらす
17      fragColor.rgb = vec3(hash11(pos.x));
18      fragColor.a = 1.0;
19  }
```

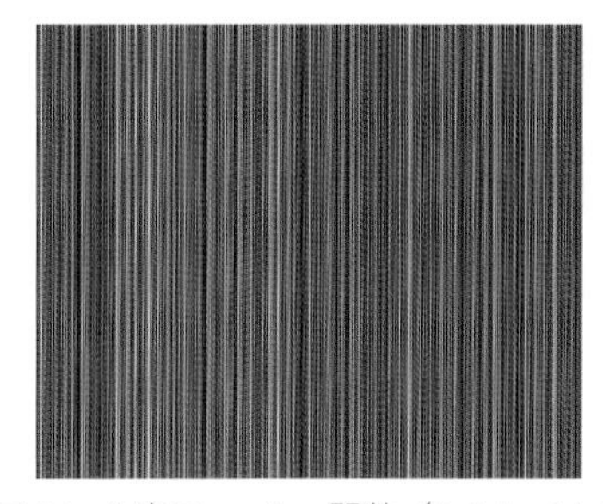

図 2.4：1 次元ハッシュ関数（2_2_hash1d）

uhash11 関数自体は非常にシンプルであるものの，そのレンダリング結果はランダムに散らばっているように見えます．ハッシュ値がちゃんとバラついているのか，統計量を計算して調べてみましょう．

もしも 0.0 から 1.0 までの浮動小数点数から無作為に数値を抽出したのなら，それがどの値になるかはサイコロの出目のように均等な確率になるはずです．このような確率分布は**一様分布**と呼ばれています．いま $0.0, 1.0, \ldots, 9999.0$ のハッシュ値を取ると，その分布は図 2.5 のヒストグラムになり，各階級区間ごとおおよそ均等にハッシュ値があらわれることが分かります．一様分布の期待値は 0.5 で標準偏差は $1/\sqrt{12} \approx 0.2886$ ですが，この 10000 個のハッシュ値の平均値は約 0.4989，標準偏差は約 0.2853 であり，かなり近い値をとっています．

また $-1000000.0, \ldots, +1000000.0$ から 100 個ずつ順にハッシュ値をとり，それぞれの平均値をとると，得られた 20000 個の値の分布は図 2.6 のヒストグラムになります．一様分布であるならば，これは 0.5 の周辺に散らばっているはずですが，図 2.6 を見ると，たしかにそのようになっています．もう少し詳しくいうと，中心極限定理よりこの分布は平均 0.5，標準偏差 $1/10\sqrt{12} \approx 0.02886$ の正規分布に近くなるはずですが，図 2.6 はこの正規分布と形状が近く，また平均値は約 0.50034，標準偏差は約 0.02874 であり，これもかなり近い値です．

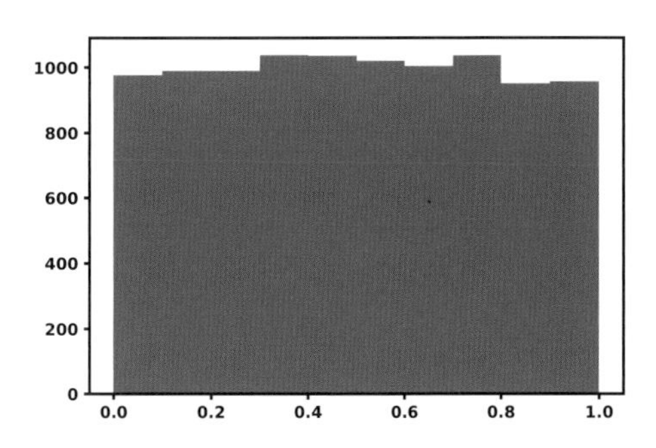

図 2.5：1 万個のハッシュ値のヒストグラム

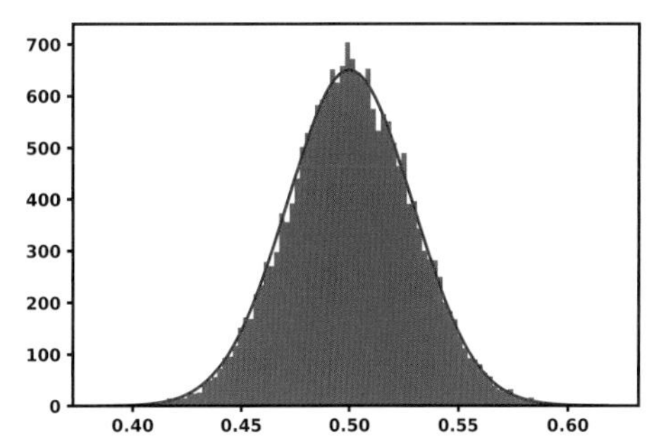

図 2.6：ハッシュ値の平均のヒストグラム（赤は正規分布をスケールした曲線）

高次元化

次にハッシュ関数を高次元に一般化してみましょう．シフト数と算術積の定数を成分ごとに変え，ベクトル成分を回しながらXORしてシフトします．

コード2.4：高次元ハッシュ関数（2_3_hash2d3d）

```
uvec3 k = uvec3(0x456789abu, 0x6789ab45u, 0x89ab4567u);// 算術積で使う定数
uvec3 u = uvec3(1, 2, 3);// シフト数
uvec2 uhash22(uvec2 n){// 引数・戻り値が2次元のuint型ハッシュ関数
    n ^= (n.yx << u.xy);
    n ^= (n.yx >> u.xy);
    n *= k.xy;
    n ^= (n.yx << u.xy);
    return n * k.xy;
}
uvec3 uhash33(uvec3 n) {// 引数・戻り値が3次元のuint型ハッシュ関数
    n ^= (n.yzx << u);
    n ^= (n.yzx >> u);
    n *= k;
    n ^= (n.yzx << u);
    return n * k;
}
vec2 hash22(vec2 p) {// 引数・戻り値が2次元のfloat型ハッシュ関数
    uvec2 n = floatBitsToUint(p);
    return vec2(uhash22(n)) / vec2(UINT_MAX);
}
vec3 hash33(vec3 p) {// 引数・戻り値が3次元のfloat型ハッシュ関数
    uvec3 n = floatBitsToUint(p);
    return vec3(uhash33(n)) / vec3(UINT_MAX);
}
float hash21(vec2 p) {// 引数が2次元，戻り値が1次元のfloat型ハッシュ関数
    uvec2 n = floatBitsToUint(p);
    return float(uhash22(n).x) / float(UINT_MAX);
    // 注：1次元ハッシュ関数をネストする方法
    //return float(uhash11(n.x+uhash11(n.y)) / float(UINT_MAX)
}
float hash31(vec3 p) {// 引数が3次元，戻り値が1次元のfloat型ハッシュ関数
    uvec3 n = floatBitsToUint(p);
    return float(uhash33(n).x) / float(UINT_MAX);
    // 注：1次元ハッシュ関数をネストする方法
    //return float(uhash11(n.x+uhash11(n.y+uhash11(n.z))) / float(UINT_MAX)
}
```

この符号なし整数型ハッシュ関数はあくまで1つの方法であり，シフト数や算術積に使う定数kの値によって乱数の質は大きく変わります．またこの乱数は$[0,1]$区間にスケールすることを前提としており，そうでない場合は調整が必要です[*3]．Jarzynski-Olano [9] も参考に，いろいろなビット演算と算術演算の組み合わせを試し，ハッシュ関数のコストパフォーマンスを吟味してみましょう．

＊3　ここでつくったuhash関数はシフト数が小さいため，下位桁が0で埋められている場合はその部分がシャッフルされません．

hash22

hash33

図 2.7：高次元ハッシュ関数（2_3_hash2d3d）

NOTE 3［Xorshift の数理］ ここでは Xorshift の数学的性質についてもうすこし詳しく見てみましょう．n ビット符号なし整数は，数学的に見ると n 個の 01 成分からなる n 次元ベクトルと見なすことができます．ここで 0,1 は mod 2 の整数として考えます．このとき，ベクトルの足し算は（算術和ではなく）XOR によって与えられます．さらに論理シフトは線形写像，つまり行列と考えることができます．例えば 4 ビットの場合，それを 4 列の横ベクトルと見なせば，この線形写像は 4×4 行列を右からかけることになります．左（右）m シフトの行列を L_m（右は R_m）と書けば，それらの行列は次のように書けます．

$$L_1 = \begin{pmatrix} 0 & 0 & 0 & 0 \\ 1 & 0 & 0 & 0 \\ 0 & 1 & 0 & 0 \\ 0 & 0 & 1 & 0 \end{pmatrix} \quad R_2 = \begin{pmatrix} 0 & 0 & 1 & 0 \\ 0 & 0 & 0 & 1 \\ 0 & 0 & 0 & 0 \\ 0 & 0 & 0 & 0 \end{pmatrix}$$

よって I を単位行列とすれば，左（右）m シフトしてからもとのデータと XOR する写像は $I + L_m$（右は $I + R_m$）で表すことができます．

符号なし整数全体を，ベクトルの集まりであるベクトル空間と見なせば，ハッシュ関数はベクトル空間からベクトル空間への写像と見なせます．異なるデータのハッシュ値が同じになることは衝突と呼ばれ，ハッシュ関数はなるべく衝突が起こらないことが好まれますが，ハッシュ値が衝突するかどうかは写像が 1 対 1 対応になるかどうかによって調べることができます．ここで写像が 1 対 1 であることは，写した元をもとに戻す逆写像を持つことと同値です．いま算術積に使う定数 k が奇数ならば，k の mod 2^n での逆数 k^{-1} が存在するため，k をかける（非線形の）写像の逆写像は k^{-1} をかけることによって得られます．uhash 関数では，$456789AB_{(16)}, 6789AB45_{(16)}, 89AB4567_{(16)}$ がいずれも奇数であることより，算術積は逆写像を持ちます．またシフトして XOR する写像 $I + L_m$，または $I + R_m$ は逆行列を持つことより，uhash 関数は，1 対 1 対応を与えています．

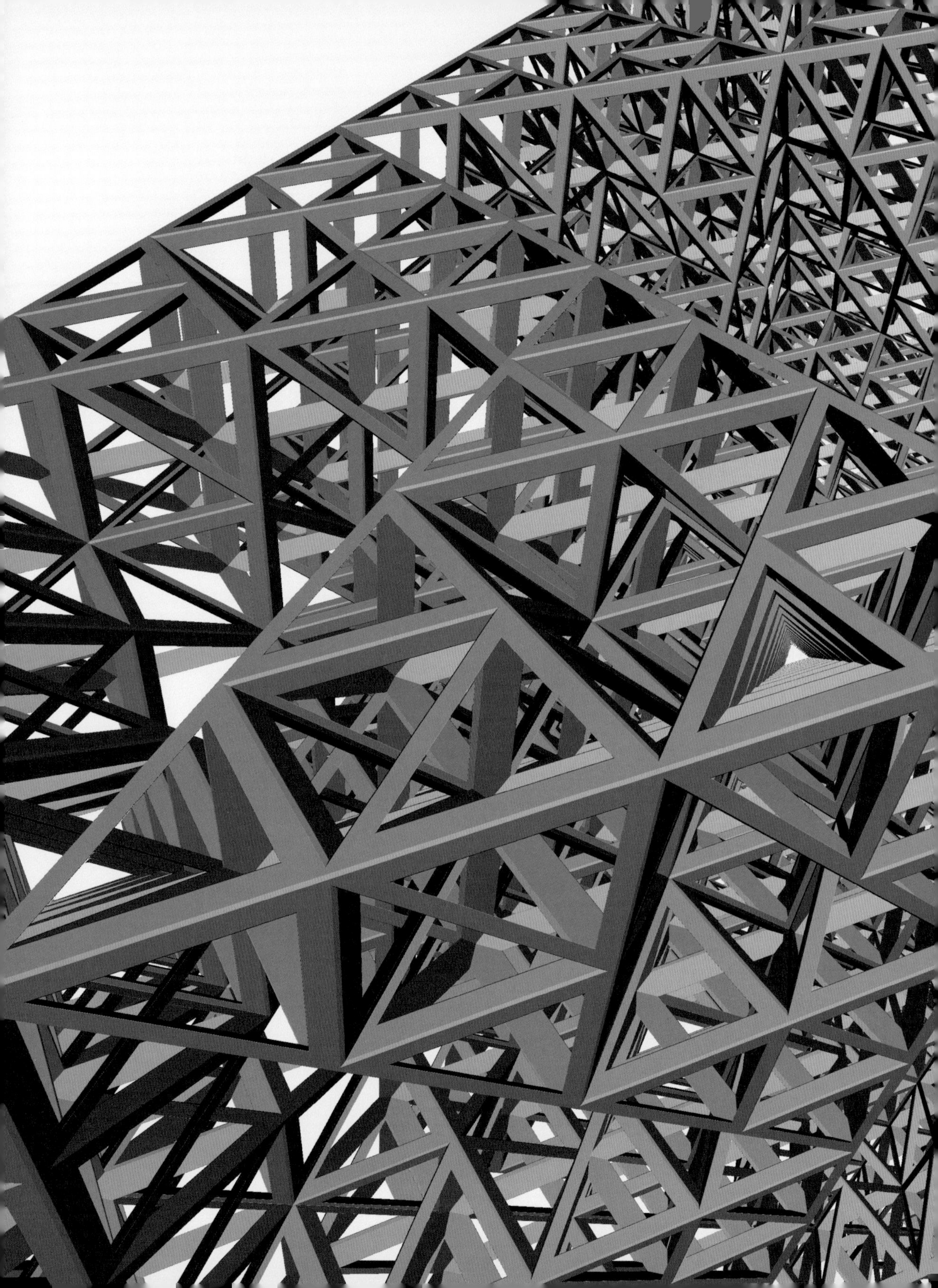

3D Sierpinski

シェルピンスキーのギャスケットは正三角形を再帰的に配置するフラクタル図形であるが，これを 3 次元に拡張すると正四面体を再帰的に配置する 3D 形状になる．この SDF をつくり，レイマーチング（第 8 章）によって 3D レンダリングしている．

第3章 値ノイズ

ノイズのCGへの応用の起源は，Perlinの1985年の論文[15]にさかのぼります．波面や地形，雲や大理石の模様など，自然には様々なゆらぎを持つテクスチャが存在しています．それらはそもそも物理的には全く別の現象として生じているものですが，その外観はノイズ関数と呼ばれる数学的関数を操作して似せることができる，というのがこの論文で示されたアイデアです．この手法を使うことによって，わざわざ画像を用意してそれをテクスチャマッピングせずとも，自然に模したテクスチャをプロシージャルに生成することができます．この章では簡易的なノイズ関数である値ノイズと，ノイズのアーティファクトに関わる偏微分の考え方について学びます．

ノイズとは何か

まずノイズとは何なのかということを考えてみましょう．ノイズ関数には何か絶対的な定義式があるわけではなく，出力値の分布がある満たすべき特長を備えた関数として定義されます．Perlin[15]はその満たすべき性質として，次の条件を挙げています[*1]．

- 移動・回転に関する統計的不変性（値のバラつきに関する条件）
- 低周波数帯域に制限された周波数成分を持つ（関数の緩やかさに関する条件）

1つ目の条件は，値のバラつき方についての条件です．値のバラつきは平均や標準偏差のような統計量で測ることができますが，そのような統計量はサンプルを取る領域を移動したり，回転させても変わらないことが求められます．つまり，値のバラつきにムラがあるようなものは好まれません．2つ目の条件は，値の移り変わりの緩やかさに関するものです．ここではノイズ関数は値が激しく切り替わるのではなく，緩く滑らかに切り替わることが求められます(周波数帯域についてはNOTE 4参照)．言い換えると，エッジの立った画像ではなく，ボケた画像であることが好まれます．

＊1　確率密度関数を使ったより厳密な定義はLagae et al. “State of the Art in Procedural Noise Functions”（2010）参照．

乱数値を使ったノイズ関数

第2章で構成した乱数は，一様乱数に基づいたバラつきを持っています．つまりこれを使えば，バラつきに関するノイズ関数の条件はクリアできそうです．しかしながら，乱数は入力値に対しバラバラの値を返すので，うまく加工して緩やかに値が変わるようにする必要があります．ここでは第1章で学んだ補間を使って，乱数値を滑らかにします．

NOTE 4［ノイズと音］ ノイズは日本語に直訳すると雑「音」ですが，ノイズ関数は音と密接にかかわっています．音は様々な周波数と振幅のサイン波が重なり合ってできており，どの周波数がどれくらいの強さで含まれるか分解してみることで音を解析できます．こういった解析方法はフーリエ解析と呼ばれ，音の特徴を数値として分析することができます．

ノイズと呼ばれる雑音には色々な種類のものがありますが，例えばラジオのチューニングが合わないときに流れる「ザー」という雑音は，ホワイトノイズと呼ばれています．これはすべての周波数成分を同程度含む雑音です（「ホワイト（白）」は周波数を可視光の範囲に置き換えたときの色に対応しています）．一方，グラフィックス用途のノイズには低周波数帯域への制限があるため，高周波帯域がカットされている必要があります．各周波数成分の振幅の大きさはパワースペクトルと呼ばれるグラフによって表すことができますが，値ノイズのパワースペクトルは次のようになります．これを見ると，周波数成分はおよそ1以下に制限されていることが分かります．

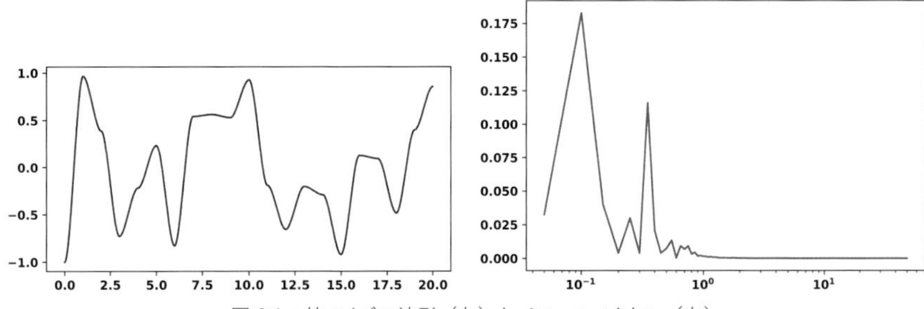

図 3.1：値ノイズの波形（左）とパワースペクトル（右）

ホワイトノイズには様々な周波数成分が豊富に含まれているということは，逆に言うと，加工することによって色々な音を「削り出す」ことができます．例えば昔のリズムマシーンでは，ドラムやクラップの音をつくるときに直接その音をサンプリングするのではなく，ホワイトノイズにフィルターをかけて加工し，その音に似せていました．単なる雑音でしかなかった音が，それを素材として加工することで様々な音に変身します．同様にグラフィックスにおけるノイズも，それを素材として加工することで，様々なテクスチャに変身します．

3.1 値ノイズの構成法

座標平面を方眼用紙のように同じ大きさのマス目で区切ってみましょう．各マスの頂点の座標を**格子点**と呼び，またすべての格子点の集合を格子と呼びます．各格子点での乱数値，または乱数ベクトルを使って生成されるノイズは**格子ノイズ**と呼ばれます．この本で紹介するノイズ関数は，すべて格子ノイズに含まれます．

格子ノイズをつくる最も単純な方法は，格子点のハッシュ値を取得し，その値を補間する方法です．ここで格子点の成分は整数になるようにします．点 (x, y) に対し，床値 $\lfloor \bullet \rfloor$ を使って，(x, y) を取り囲むマスの頂点となる格子点は次の 4 つのベクトルで表すことができます．

$$\mathbf{e}_{00} = (\lfloor x \rfloor, \lfloor y \rfloor)\,,\ \mathbf{e}_{10} = (\lfloor x \rfloor + 1, \lfloor y \rfloor)\,,$$
$$\mathbf{e}_{01} = (\lfloor x \rfloor, \lfloor y \rfloor + 1)\,,\ \mathbf{e}_{11} = (\lfloor x \rfloor + 1, \lfloor y \rfloor + 1) \tag{3.1}$$

この各格子点のハッシュ値を第 1 章のように 2 次元区間上で双線形補間して，(x, y) での値をつくります．このようにしてつくられたノイズ関数を**値ノイズ**と呼びます．

コード 3.1：2 変数の値ノイズ（3_0_vnoise）

```
1  float vnoise21(vec2 p){//2 次元値ノイズ
2      vec2 n = floor(p);
3      float[4] v;
4      for (int j = 0; j < 2; j ++){
5          for (int i = 0; i < 2; i++){
6              v[i+2*j] = hash21(n + vec2(i, j));// マスの 4 頂点のハッシュ値
7          }
8      }
9      vec2 f = fract(p);
10     if (channel == 1){// 中央：エルミート補間
11         f = f * f * (3.0 -2.0 * f);
12     }
13     return mix(mix(v[0], v[1], f[0]), mix(v[2], v[3], f[0]), f[1]);// 左：双線
       形補間
14 }
15 ...
16 void main(){
17     vec2 pos = gl_FragCoord.xy/min(u_resolution.x, u_resolution.y);
18     channel = int(gl_FragCoord.x * 3.0 / u_resolution.x);
19     pos = 10.0 * pos + u_time;//[0,10] 区間にスケールして移動
20     if (channel < 2){
21         fragColor = vec4(vnoise21(pos));// 左・中央： 2 次元値ノイズ
22     } else {
23         fragColor = vec4(vnoise31(vec3(pos, u_time)));// 右： 3 次元値ノイズ
24     }
25     ...
```

このシェーダでは補間関数を変えた 2 変数の値ノイズと 3 変数の値ノイズを表示します．まず 2 変数の場合を見てみましょう．6 行目ではフラグメント座標から決まるマスの 4 頂点の

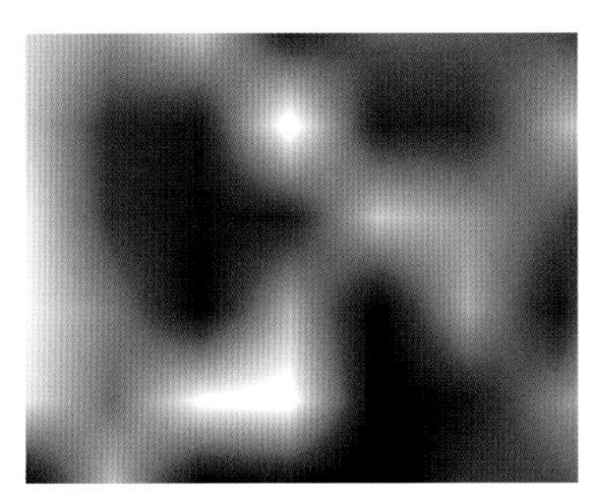
双線形補間

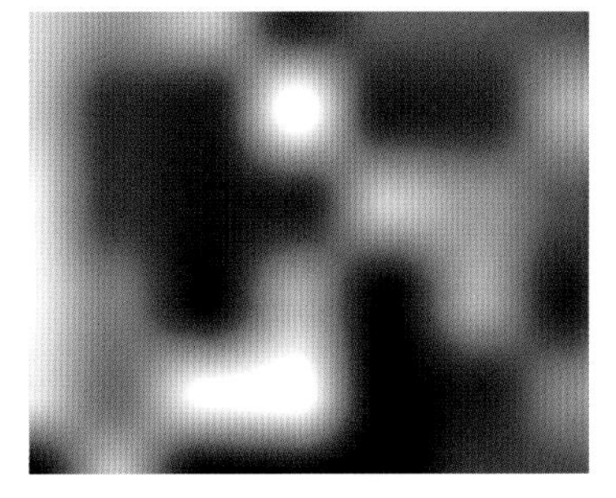
エルミート補間

図 3.2：補間関数による値ノイズの違い（3_0_vnoise）

ハッシュ値をとり，配列に代入しています（GLSL ES 3.0 では多重配列が使えないので注意しましょう）．このハッシュ値を 13 行目で双線形補間します．ここで 11 行目では補間関数に 3 次関数を使っていますが，これは滑らかな階段関数 $\mathrm{smoothstep}(0, 1, x)$ と同じ関数であり，補間を滑らかにする効果を持ちます．この滑らかな補間はエルミート補間と呼ばれます．実際，図 3.2 を見ると，双線形補間と比べてエルミート補間の方が，グラデーションが滑らかであることが分かるでしょう．

3 変数の場合

3 変数の場合は正方形のマス上で考えていた補間を立方体のマス上で考えます．点 (x, y, z) に対し，底面（ z 座標が 0 の面）で補間した $(x, y, 0)$ での値と上面（ z 座標が 1 の面）で補間した $(x, y, 1)$ での値をとり，それを高さに関して補間して (x, y, z) での値を求めます．

コード 3.2：3 変数の値ノイズ（3_0_vnoise）

```
1   float vnoise31(vec3 p){
2       vec3 n = floor(p);
3       float[8] v;
4       for (int k = 0; k < 2; k++ ){
5           for (int j = 0; j < 2; j++ ){
6               for (int i = 0; i < 2; i++){
7                   v[i+2*j+4*k] = hash31(n + vec3(i, j, k));// マスの 8 頂点のハッシュ値
8               }
9           }
10      }
11      vec3 f = fract(p);
12      f = f * f * (3.0 - 2.0 * f);// エルミート補間
13      float[2] w;
14      for (int i = 0; i < 2; i++){
15          w[i] = mix(mix(v[4*i], v[4*i+1], f[0]), mix(v[4*i+2], v[4*i+3], f[0]),
            f[1]);// 底面と上面での補間
16      }
17      return mix(w[0], w[1], f[2]);// 高さに関する補間
18  }
```

問題 3.1 戻り値が3次元ベクトルとなる値ノイズをつくり，RGB カラーでそれを可視化せよ．

3.2 グラデーションの滑らかさと微分

グラデーションの滑らかさは，アーティファクトに影響します．値の変化が滑らかでない，つまり値に急な変化が起これば，そこには特徴的なクセがあらわれます．そういったクセを消すために関数を滑らかにする必要があります．そして，**関数の滑らかさは微分によって捉えることができます**．なぜ双線形補間よりもエルミート補間が滑らかになるのかという理由も，微分によって理解できます．高校の数学では，微分は「グラフの傾き」を表すものとして学びますが，CG ではより多様な場面で微分が活躍します．ここでは1変数の微分の基本について学びましょう．

微分可能な関数

1変数関数 $f(x)$ は2つの極限値

$$\lim_{\varepsilon \to -0} \frac{f(a+\varepsilon)-f(a)}{\varepsilon}, \quad \lim_{\varepsilon \to +0} \frac{f(a+\varepsilon)-f(a)}{\varepsilon}$$

が存在するとき，左の値を左微分係数，右の値を右微分係数と呼びます．ここで $\varepsilon \to \pm 0$ は ε の0への近づき方を示しており，それぞれ左（負の側），右（正の側）から近づくことを表しています．左微分係数と右微分係数が一致するとき，その値を $x = a$ での**微分係数**と呼び，微分係数が存在するとき微分可能と定義します．微分係数は，その点でのグラフの接線の傾きに対応します．

例えば3つの数値 0.3, 0.9, 0.6 が与えられたとき，それらを $[-1, 1]$ 区間上線形補間する関数 $\ell(x)$ とエルミート補間する関数 $h(x)$ を比べてみましょう． $c(x) = x^2(3-2x)$ とすれば，次のように書けます．

$$\ell(x) = \begin{cases} \mathrm{mix}(0.3, 0.9, x+1) = 0.9 + 0.6x & (-1 \leqq x \leqq 0) \\ \mathrm{mix}(0.9, 0.6, x) = 0.9 - 0.3x & (0 \leqq x \leqq 1) \end{cases} \tag{3.2}$$

$$h(x) = \begin{cases} \mathrm{mix}(0.3, 0.9, c(x+1)) = 0.9 + 1.8x^2 + 1.2x^3 & (-1 \leqq x \leqq 0) \\ \mathrm{mix}(0.9, 0.6, c(x)) = 0.9 - 0.9x^2 + 0.6x^3 & (0 \leqq x \leqq 1) \end{cases} \tag{3.3}$$

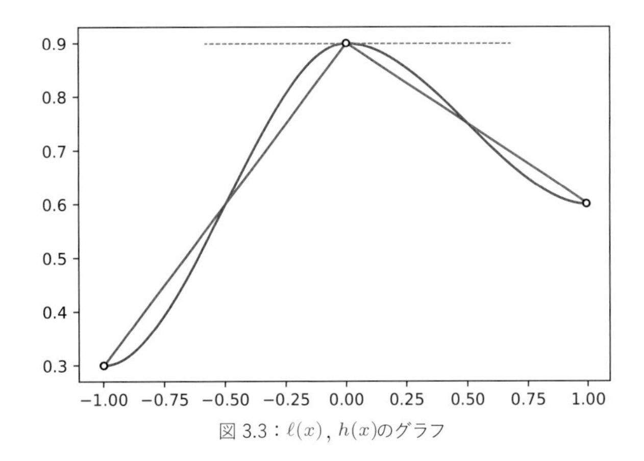

図 3.3：$\ell(x)$, $h(x)$のグラフ

図 3.3 を見ると，$\ell(x)$ は $x=0$ で折れ曲がっているのに対し，$h(x)$ は滑らかにつながっていることが分かります．この微分可能性について計算してみると，式（3.2）より $\ell(x)$ は $x=0$ で傾きが変わり，左微分係数は 0.6，右微分係数は -0.3 であるので，$x=0$ では微分可能ではありません．一方，$h(x)$ の場合，左微分係数と右微分係数はそれぞれ

$$\frac{h(-\varepsilon)-h(0)}{\varepsilon}=\frac{1.8\varepsilon^2-1.2\varepsilon^3}{\varepsilon}\to 0\,,\quad \frac{h(\varepsilon)-h(0)}{\varepsilon}=\frac{-0.9\varepsilon^2+0.6\varepsilon^3}{\varepsilon}\to 0$$

であるため微分可能であり，その微分係数は 0 です．

一般にエルミート補間は，その値のみならず**微分係数の値も含めて**，それにフィットする関数で補間します．ここでは補間する各点で，微分係数が 0 となるように補間しています．つまりエルミート補間関数のグラフは，つなぎ目で常に平らになります．

導関数

ある区間上の関数 $f(x)$ に対し，区間上すべての点で微分可能であるとき，微分係数を対応させる関数は導関数と呼ばれ $f'(x)$ と書きます．導関数が存在して，それが連続となる関数は C^1 級関数と呼ばれます．式（3.3）のエルミート補間関数 $h(x)$ で考えると

$$h'(x)=\begin{cases}3.6x(1+x) & (-1\leqq x\leqq 0)\\ 1.8x(-1+x) & (0\leqq x\leqq 1)\end{cases}$$

であり，$h'(x)$ は $x=0$ でも連続であるため，$h(x)$ は $[-1,1]$ 区間上の C^1 級関数であることが分かります．

5次エルミート補間

$f'(x)$ に導関数 $f''(x)$ が存在し，それが連続となるような場合， $f(x)$ は C^2 級関数と呼ばれます．CG ではテクスチャマッピングの際，その「模様」だけでなく「凹凸」をマッピングすることがしばしばありますが（第8章参照），その際には後述する勾配を使うため，関数には C^2 級の滑らかさが必要になります． $h'(x)$ を微分すると

$$h''(x) = \begin{cases} 3.6 + 7.2x & (-1 \leqq x < 0) \\ -1.8 + 3.6x & (0 < x \leqq 1) \end{cases}$$

であり， $h''(x)$ は $x = 0$ でつながらないため， $h(x)$ は C^2 級ではありません．

ここで式（3.3）の $c(x)$ を3次関数から，5次関数 $x^3(10 - 15x + 6x^2)$ に取り替えれば， $h(x)$ を C^2 級にすることができます．この滑らかさの異なるエルミート補間を，それぞれ**3次と5次のエルミート補間**と呼ぶことにしましょう．

問題 3.2 $f''(x)$ の導関数が存在し，それが連続となるような場合， $f(x)$ は C^3 級関数と呼ばれる．式（3.3）の $c(x)$ を取り替えて， $h(x)$ が C^3 級の滑らかさをもつようにせよ．

数値微分

高校で習った数学では，例えば関数 x^n の微分係数は，導関数 nx^{n-1} に値を代入して求めました．この方法では寸分の狂いもない正しい値が得られますが，数式を操作して導関数を求める必要があります．一方コンピュータを使えば，導関数を求めずとも微分係数の近似値を直接求めることができます．

$f(x)$ が C^1 級ならば，微分の定義より，十分小さい ε をとれば

$$\frac{f(a+\varepsilon) - f(a)}{\varepsilon} \fallingdotseq f'(a) \tag{3.4}$$

が成り立ちます．これを使って微分係数の近似値を求めることを**数値微分**といいます．また微分の定義より，次の式も成り立ちます．

$$\frac{f(a) - f(a-\varepsilon)}{\varepsilon} \fallingdotseq f'(a) \tag{3.5}$$

上の2つの計算方法で得た数値微分に対し，式（3.4）を使って得た数値を**前方差分**，式（3.5）を使って得た数値を**後方差分**と呼びます．さらに前方差分と後方差分の平均値を**中央差分**と呼びます．中央差分は次のように定義されます．

$$\text{中央差分} = \frac{(\text{前方差分} + \text{後方差分})}{2} = \frac{f(a+\varepsilon) - f(a-\varepsilon)}{2\varepsilon}$$

前方・後方差分は微分係数の近似値であることから，中央差分も微分係数を近似します．中央差分は前方・後方差分よりも近似の精度が高いことが知られており，数値微分をする際は通常中央差分によって計算します．

問題 3.3 中央差分が前方・後方差分よりも誤差が少ない理由を説明せよ．

3.3 偏微分と勾配

2 変数の場合，値の変化は方向によって変わります．関数 $f(x,y)$ の x 軸方向の変化を考えるとき，y を固定すれば $f(x,y)$ は x の変数と見なすことができます．定数 a_1 に対し，1 変数関数 $f(x,a_1)$ を考えて，これを微分することを x についての**偏微分**といいます．

ここで $f(x,a_1)$ が $x=a_0$ で微分可能であるとき，f は $\mathbf{a}=(a_0,a_1)$ で x について偏微分可能であるといい，その偏微分係数を $\frac{\partial}{\partial x}f(\mathbf{a})$ と書きます．同様にして，y による偏微分と偏微分係数 $\frac{\partial}{\partial y}f(\mathbf{a})$ も定義します．2 つ変数 x,y に対してそれぞれ偏微分可能であるような場合，**偏微分可能**と呼びます．

勾配

x,y についての偏微分は，x 軸方向および y 軸方向の瞬間的な変化を表しますが，別の方向の変化を調べてみましょう．ベクトル $\mathbf{e}=(e_0,e_1)$ に対して，1 変数関数 $g(t)=f(\mathbf{a}+t\mathbf{e})$ の $t=0$ での微分を $\mathbf{a}$ での $\mathbf{e}$ 方向の**方向微分**といいます．この微分係数は極限値

$$g'(0)=\lim_{\varepsilon\to 0}\frac{f(\mathbf{a}+\varepsilon\mathbf{e})-f(\mathbf{a})}{\varepsilon}$$

で与えられます．この値は $f(x,y)$ が $\mathbf{a}$ で偏微分可能であるとき存在し，偏微分係数を使って，次のように与えられます（詳しくは大学の微分積分の教科書を参照）．

$$g'(0)=e_0\frac{\partial}{\partial x}f(\mathbf{a})+e_1\frac{\partial}{\partial y}f(\mathbf{a})$$

上の微分係数はベクトルの内積を使って表すことが可能です．ベクトル $\left(\frac{\partial}{\partial x}f(\mathbf{a}),\frac{\partial}{\partial y}f(\mathbf{a})\right)$ を $\mathbf{a}$ での**勾配**（gradient）と呼び，$\mathrm{grad}f(\mathbf{a})$ と書くことにしましょう．このとき

$$g'(0)=\mathbf{e}\cdot\mathrm{grad}f(\mathbf{a}) \tag{3.6}$$

であることが分かります．

$\mathrm{grad}f(\mathbf{a})$ が「勾配」であることの意味を見ておきましょう．ベクトル $\mathbf{v},\mathbf{w}$ に対し，ベクトルの長さを $||\cdot||$ で表し，2 つのベクトルのなす角を θ とすれば，その内積は

$$\mathbf{v} \cdot \mathbf{w} = ||\mathbf{v}||\,||\mathbf{w}|| \cos\theta$$

で表すことができます．よって2つのベクトルの内積は，2つのベクトルが同じ方向であるとき最大値をとるため，$||\mathbf{e}|| = 1$ となるように正規化しておくと，(3.6) は $\mathbf{e} = \mathrm{grad} f(\mathbf{a})/||\mathrm{grad} f(\mathbf{a})||$ のとき最大値をとります．したがって $\mathrm{grad} f(\mathbf{a})$ は $\mathbf{a}$ において**瞬間的に f が最も大きく増大する方向**であることが分かります．例えば xy 平面上に f の値をその「標高」として山をつくったとしましょう．この山を真上の上空から見下ろしたとき，山の斜面にボールを置いて転がっていく向きの逆が勾配の方向であり，傾きの大きさが勾配の長さに対応します．例えば $f(x,y) = 1 - x^2 - y^2$ とすると，それは原点が山頂であるような山になりますが，その勾配を描くと図 3.4 のようになります．

山の地図には同じ標高の地点が等高線として描かれていますが，同様に定数 a をとって，2変数関数 $f(x,y)$ に対して $f(x,y) = a$ となる (x,y) の集合を**等高線**と呼びます（図 3.4）．等高線上では f の値は変化しないため，xy 平面上の点 $\mathrm{A}(\mathbf{a})$ で等高線の接線方向を $\mathbf{v}$ とすれば，$\mathbf{v}$ 方向の方向微分係数は0です．つまり $\mathbf{v} \cdot \mathrm{grad} f(\mathbf{a}) = 0$ であるため，**等高線の接線は勾配と直角に交わる**ことが分かります．

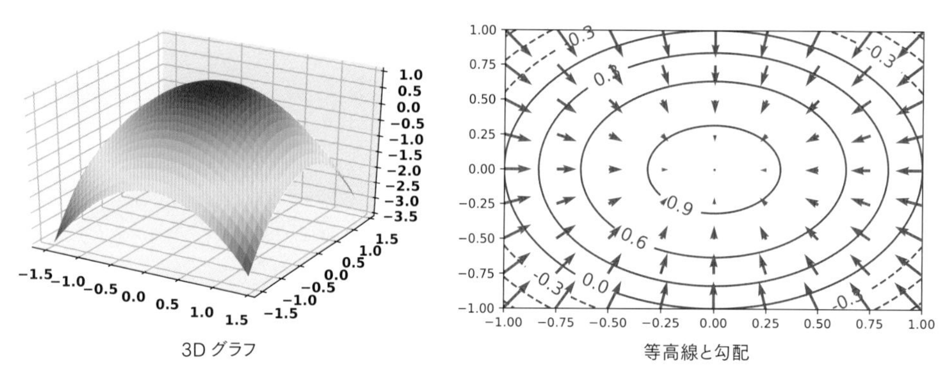

図 3.4： $f(x,y) = 1 - x^2 - y^2$ のグラフ

勾配の可視化

関数 $f(x,y)$ がどの点でも偏微分可能であれば，$\mathrm{grad} f$ はベクトルに値を持つ関数になります．$\mathrm{grad} f$ は，関数の変化を調べるためだけではなく，法線マッピング（第8章）などノイズ関数の「凹凸」をテクスチャとして貼るときにも役に立ちます．この場合，アーティファクトが生じないようにするためには，勾配も滑らかである必要があります．数値微分を使って関数の勾配を計算し，定数ベクトルとの内積を可視化すると[*2]，補間関数が C^1 級か C^2 級かによってその滑らかさに違いがあることが分かります（図3.5）.

コード3.3：勾配の可視化（3_1_vnoiseGrad）

```
1  vec2 grad(vec2 p){// 数値微分による勾配取得
2      float eps = 0.001;// 微小な増分
3      return 0.5 * (vec2(
4              vnoise21(p + vec2(eps, 0.0)) - vnoise21(p - vec2(eps, 0.0)),
5              vnoise21(p + vec2(0.0, eps)) - vnoise21(p - vec2(0.0, eps))
6          )) / eps;
7      }
8  void main(){
9      ...
10     fragColor.rgb = vec3(dot(vec2(1), grad(pos)));// 定数ベクトルとの内積
```

3次エルミート補間

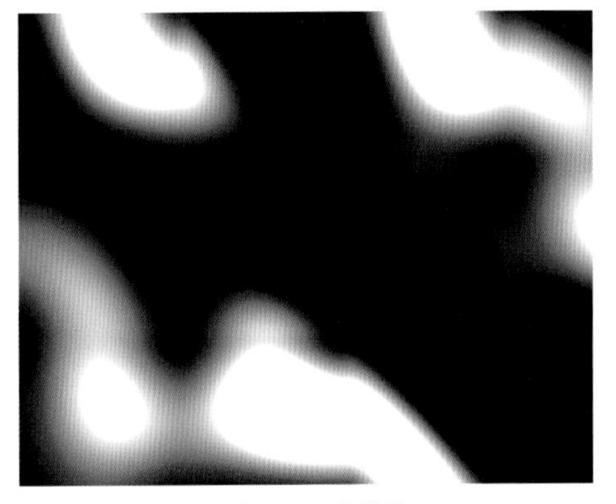

5次エルミート補間

図3.5：滑らかさの異なる補間関数による値ノイズの勾配（3_1_vnoiseGrad）

問題3.4 数値微分は一般に計算コストが高いため，高校で習うような普通の微分（解析微分とも呼ばれる）を使って導関数を求めた方が描画を高速化できる．値ノイズの勾配を解析微分によって定義せよ．

*2　ここで勾配との内積をとることは，3Dレンダリングでのライティングの計算に関係しています．詳しくは第8章参照．

Periodic Noise in Polar Coordinate

周期的なノイズ関数（第 4 章）をブレンディング（第 5 章）し，極座標（第 1 章）を使って円形にマッピングしている．

第4章 勾配ノイズ

値ノイズは計算量も少なく，簡単につくれるノイズですが，**ムラが表れやすい**傾向があります．実際，連続する乱数値がたまたま近い値だった場合，2つの格子点の間は値の変化が少なく，その部分には格子に由来するクセが浮き上がります．値のバラつき具合も良いとは言えません．こういったムラを消すために改善されたノイズが**勾配ノイズ**です．値ノイズが格子点での乱数の「値」を使うのに対し，勾配ノイズは乱数のベクトル値を「勾配」として使います．よく使われるノイズ関数であるパーリンノイズは，この勾配ノイズの一種であり，Perlin による一連の仕事にちなんでいます．この章では，勾配ノイズと2002年にPerlin [16] によって導入された改良版勾配ノイズ（パーリンノイズ）について学びます．

4.1 勾配ノイズの構成法

1変数

値ノイズは乱数値をエルミート補間してつくりましたが，別の見方をしてみましょう．$h(0)=0, h(1)=1, h'(0)=h'(1)=0$ を満たすエルミート補間関数 $h(x)$ に対し， $w(x)$ を

$$w(x) = \begin{cases} h(x+1) & (-1 \leqq x < 0) \\ 1 - h(x) & (0 \leqq x < 1) \\ 0 & (x < -1, 1 \leqq x) \end{cases}$$

と定義します．この関数は原点で最大値1をとり， $[-1,1]$ 区間の外の x では値0となるような山と見なすことができます（図4.1）．このような特定の区間以外では0となる関数は**窓関数**と呼ばれています．

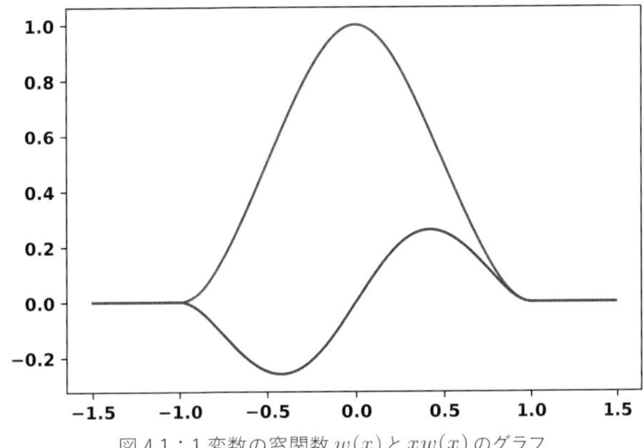

図 4.1：1 変数の窓関数 $w(x)$ と $xw(x)$ のグラフ

値ノイズはこの窓関数の和で表すことができます．1 変数の場合，例えば $x = -1, 0, 1$ に対応する乱数値が 0.3, 0.9, 0.6 ならば，$[-1, 1]$ 区間上で値ノイズ関数 $\mathrm{vnoise}(x)$ は次のように書けます．

$$\mathrm{vnoise}(x) = \begin{cases} \mathrm{mix}(0.3, 0.9, h(x+1)) = 0.3w(x+1) + 0.9w(x) & (-1 \leqq x \leqq 0) \\ \mathrm{mix}(0.9, 0.6, h(x)) = 0.9w(x) + 0.6w(x-1) & (0 \leqq x \leqq 1) \end{cases}$$
$$= 0.3w(x+1) + 0.9w(x) + 0.6w(x-1) \tag{4.1}$$

一般に格子点 i に乱数値 v_i が対応していれば，値ノイズ関数は $\mathrm{vnoise}(x) = \sum_i v_i w(x-i)$ で与えられます．

ここで**窓関数の係数を 1 次関数に置き換えたものが勾配ノイズ関数**です．窓関数に 1 次関数をかけると，図 4.1 のように 1 回上下にうねるような波ができますが，この波を足し合わせることで勾配ノイズを定義します．例えば，式（4.1）の係数 0.3, 0.9, 0.6 を 1 次関数 $0.3(x+1), 0.9x, 0.6(x-1)$ に置き換えた勾配ノイズ関数は

$$\mathrm{gnoise}(x) = 0.3(x+1)w(x+1) + 0.9xw(x) + 0.6(x-1)w(x-1)$$

と書けます．この関数は，$w(x)$ の性質より $x = -1, 0, 1$ での値は 0，傾きはそれぞれ 0.3, 0.9, 0.6 です．つまり勾配ノイズ関数は，**格子点上に与えられた傾きにフィットするよう補間する関数**です．格子点 i に乱数値 v_i が対応していれば，勾配ノイズ関数は $\mathrm{gnoise}(x) = \sum_i v_i(x-i)w(x-i)$ で与えられます．

2変数

1変数の場合を多変数に拡張するには，窓関数を多変数に，傾きを勾配に置き換えます．2変数の場合，1変数窓関数 $w(x)$ を使って $w(x,y)=w(x)w(y)$ と定義すれば， $w(x,y)$ は原点で最大値1をとり，領域 $(1-|x|)(1-|y|)>0$ の外では値0となる2変数窓関数となります（図4.2左）．ベクトル $\mathbf{g}=(a,b)$ に対し，1次関数 $ax+by=\mathbf{g}\cdot(x,y)$ をとると， $\mathbf{g}\cdot(x,y)w(x,y)$ は原点で値が0，勾配が $\mathbf{g}$ となる2変数関数です．これは勾配の向きに1回上下にうねるような波であり（図4.2右），**サーフレット**[*1] とも呼ばれています．

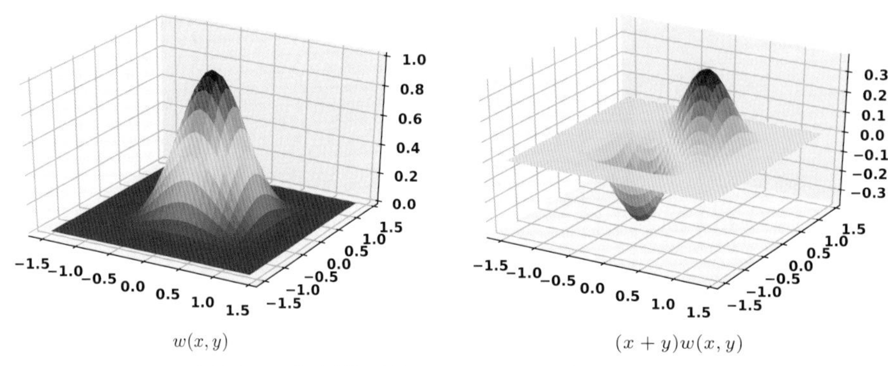

図4.2：2変数窓関数（左）とサーフレット（右）のグラフ

勾配ノイズ関数は各格子点から乱数ベクトルを取得し，各格子点ごとにそれを勾配とするサーフレットをつくって，その総和をとったものです．つまり格子点 (i,j) に乱数ベクトル $\mathbf{g}_{i,j}$ が対応しているとき，

$$\mathrm{gnoise}(\mathbf{x})=\sum_{i,j}\mathbf{g}_{i,j}\cdot(\mathbf{x}-(i,j))w(\mathbf{x}-(i,j)) \tag{4.2}$$

によって $\mathbf{x}$ での勾配ノイズの値を定義します．

実装

式（4.2）の見かけは無限回のたし算をしているように見えますが，実際の計算ではほとんどのサーフレットの値は消えます．したがって，値を求めたい点に対し，それを取り囲む格子点に対応するサーフレットを計算すれば十分です． $\mathbf{x}$ を取り囲む4つの格子点を，式（3.1）のように $\mathbf{e}_{00},\mathbf{e}_{10},\mathbf{e}_{01},\mathbf{e}_{11}$ としましょう．これらの格子点に対応する2次元乱数ベクトルを $\mathbf{g}_{00},\mathbf{g}_{10},\mathbf{g}_{01},\mathbf{g}_{11}$ とすると， $\mathbf{x}$ での勾配ノイズの値は次で与えられます．

＊1　『Texturing & Modeling』[4, 12章]．

$$\mathrm{gnoise}(\mathbf{x}) = \sum_{i=0}^{1}\sum_{j=0}^{1} \mathbf{g}_{ij} \cdot (\mathbf{x} - \mathbf{e}_{ij})\, w(\mathbf{x} - \mathbf{e}_{ij})$$

ここで $v_{ij} = \mathbf{g}_{ij} \cdot (\mathbf{x} - \mathbf{e}_{ij}), (f_0, f_1) = \mathrm{fract}(\mathbf{x})$ とすると，上の式は次のようにエルミート補間の形に書き換えられます．

$$\mathrm{gnoise}(\mathbf{x}) = \mathrm{mix}(\mathrm{mix}(v_{00}, v_{01}, h(f_0)), \mathrm{mix}(v_{10}, v_{11}, h(f_0)), h(f_1))$$

つまり値ノイズにおける乱数値の部分（コード 3.1 の 6 行目）を上の v_{ij} に置き換えて，勾配ノイズをコーディングします．

コード 4.1：勾配ノイズ（4_0_gnoise）

```
1  float gnoise21(vec2 p){
2      vec2 n = floor(p);
3      vec2 f = fract(p);
4      float[4] v;
5      for (int j = 0; j < 2; j ++){
6          for (int i = 0; i < 2; i++){
7              vec2 g = normalize(hash22(n + vec2(i,j)) - vec2(0.5));// 乱数ベク
               トルを正規化
8              v[i+2*j] = dot(g, f - vec2(i, j));// 窓関数の係数
9          }
10     }
11     f = f * f * f * (10.0 - 15.0 * f + 6.0 * f * f);//5 次エルミート補間
12     return 0.5 * mix(mix(v[0], v[1], f[0]), mix(v[2], v[3], f[0]), f[1]) + 0.5;
13 }
```

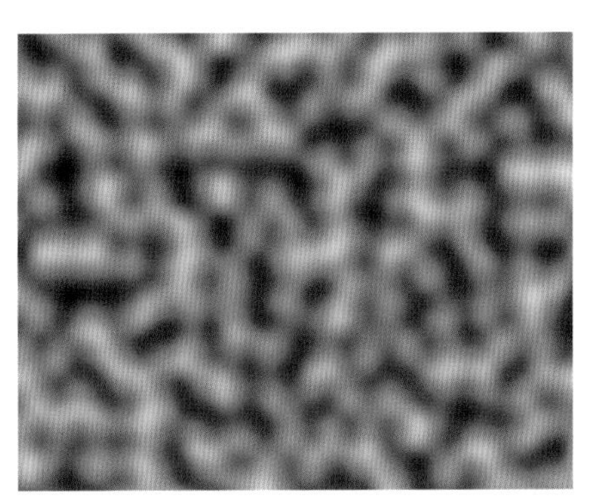

図 4.3：勾配ノイズ（4_0_gnoise）

7 行目では乱数ベクトルの成分が $[-0.5, 0.5]$ 区間内に値をとるようにずらし，さらに normalize 関数を使って勾配の大きさが 1 になるよう正規化にしています．また 12 行目ではノイズ関数の戻り値が $[0, 1]$ 区間内に収まるように正規化しています．3 変数の場合も同様に，$2^3 = 8$ 個の格子点に対して勾配（3 次元乱数ベクトル）を取得し，内積をとって構成します．

値ノイズと勾配ノイズの違い

値ノイズと勾配ノイズの違いは，値の分布にあります．値の分布を可視化し，両者の値のバラつき方を比べてみましょう．

コード 4.2：値ノイズと勾配ノイズの値分布（4_1_noiseRange）

```
channel = ivec2(2.0 * gl_FragCoord.xy / u_resolution.xy);// ビューポートを上下左右に分割して 4 チャンネルを表示
float v;
if (channel[0] == 0){
    if (channel[1] == 0){
        v = vnoise21(pos);// 左下：2 変数の値ノイズ
    } else {
        v = vnoise31(vec3(pos, u_time));// 左上：3 変数の値ノイズ
    }
} else{
    if (channel[1] == 0){
        v = gnoise21(pos);// 右下：2 変数の勾配ノイズ
    } else {
        v = gnoise31(vec3(pos, u_time));// 右上：3 変数の勾配ノイズ
    }
}
fragColor.rgb = hsv2rgb(vec3(v, 1.0, 1.0));// 値を色相に対応
```

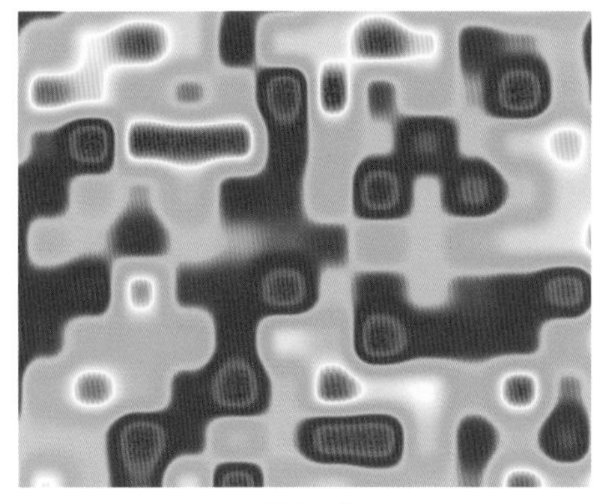

値ノイズ

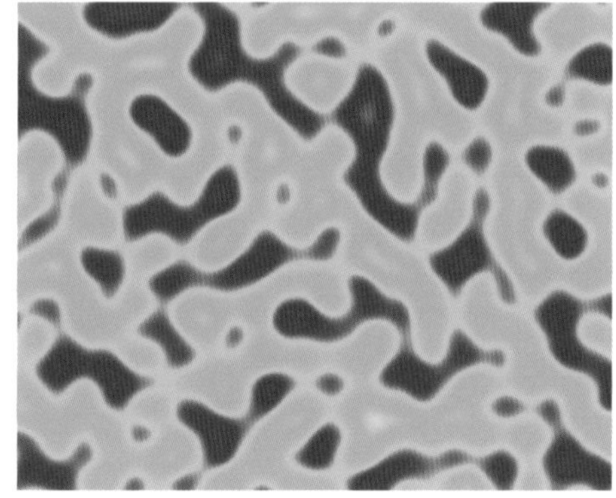

勾配ノイズ

図 4.4：色相を値に対応させたノイズの比較（4_1_noiseRange）

図 4.4 では値が 0 または 1 に近いほど赤に近づきます．勾配ノイズは値ノイズと比べ，格子に由来するブロック状のクセが薄れていることが分かるでしょう．また値ノイズは所々に赤い箇所があらわれていますが，勾配ノイズはおおよそ青から緑，ほとんどが 0.5 ± 0.35 の範囲内に収まっています．実際，勾配ノイズは格子点で必ず 0.5 の値をとるため，値ノイズと異なり値の分布は 0.5 周辺の頻度が高いことがわかります．

	格子点での値	格子点での勾配	値の分布
値ノイズ	乱数値	零ベクトル	飛びがある
勾配ノイズ	0.5	乱数ベクトル	0.5 周辺に集中

表 4.1：値ノイズと勾配ノイズの特徴

勾配の回転

勾配の向きを回転させることで，勾配ノイズに動きを持たせることができます．そのためにベクトルを回転させる関数を定義しましょう．2次元ベクトル (x, y) は動径 r と偏角 θ を使って $(r\cos\theta, r\sin\theta)$ と表すことができました．このとき加法定理を使うと，

$$
\begin{aligned}
r\cos(\theta+\theta') &= r\cos\theta\cos\theta' - r\sin\theta\sin\theta' \\
r\sin(\theta+\theta') &= r\sin\theta\cos\theta' + r\cos\theta\sin\theta'
\end{aligned}
$$

より，(x, y) を角 θ' 回転したベクトルは

$$(x\cos\theta' - y\sin\theta', x\sin\theta' + y\cos\theta')$$

で得られます．

コード 4.3：2 次元平面上の回転（4_2_rotNoise）

```
1  vec2 rot2(vec2 p, float t){
2      return vec2(cos(t) * p.x -sin(t) * p.y, sin(t) * p.x + cos(t) * p.y);//p
       の回転
3  }
```

3 次元の場合における回転は，回転軸の取り方に依存します．例えば x 軸，y 軸，z 軸をそれぞれ回転軸とした 3 次回転行列は，固定させる軸の成分は変えずに，他の 2 つの軸に関して回転させます．

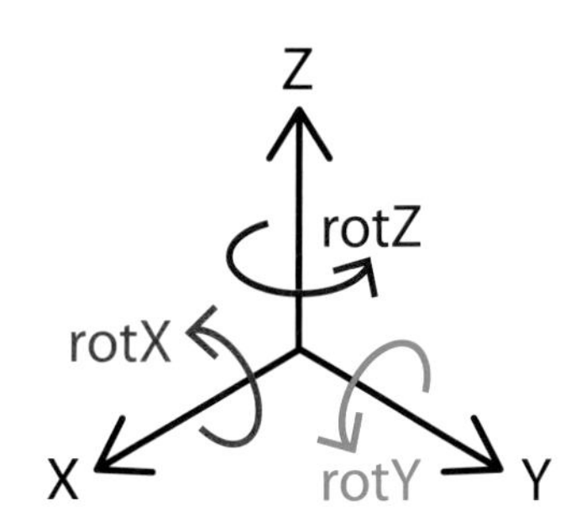

図 4.5：3 次元空間での回転

コード4.4：3次元空間内での回転（4_2_rotNoise）

```
vec3 rotX(vec3 p, float t){//x 軸を中心とした回転
    p.yz = rot2(p.yz, t);
    return p;
}
vec3 rotY(vec3 p, float t){//y 軸を中心とした回転
    p.xz = rot2(p.xz, t);
    return p;
}
vec3 rotZ(vec3 p, float t){//z 軸を中心とした回転
    p.xy = rot2(p.xy, t);
    return p;
}
float rotNoise21(vec2 p, float ang){//ang: 回転角
    ...
            vec2 g = normalize(hash22(n + vec2(i,j)) - vec2(0.5));// 勾配の取得
            g = rot2(g, ang);// 勾配の回転
    ...
}
```

勾配のとり方によるアーティファクト

勾配ノイズの1つの問題は，**勾配のとり方によってはアーティファクトが生じうる**ことです．とくに勾配が対角線方向，または軸方向に固まっている場合が問題です．勾配を軸方向のみに制限したものと，対角線方向のみに制限したものとを並べて，その品質を見比べてみましょう．

コード4.5：勾配のとり方による品質比較（4_3_noiseQuality）

```
vec2[4] diag = vec2[](
    ...// 対角線方向に制限した 4 つの勾配
);
vec2[4] axis = vec2[](
    ...// 軸方向に制限した 4 つの勾配
);
float gnoise21(vec2 p){
    ...
            uvec2 m = floatBitsToUint(n + vec2(i, j));
            uint ind = (uhash22(m).x >> 30);
            if (channel == 0){// 左：対角線方向に勾配を制限した勾配ノイズ
                v[i+2*j] = dot(diag[ind], f - vec2(i, j));
            } else {// 右：軸線方向に勾配を制限した勾配ノイズ
                v[i+2*j] = dot(axis[ind], f - vec2(i, j));
    ...
}
void main(){
    ...
    float v = gnoise21(pos);// ノイズの値を取得
    if (v > 0.85 || v < 0.15){// 値が [0.15,0.85] 区間を外れるとき
        fragColor.rgb = vec3(1.,0.,0.);
    ...
}
```

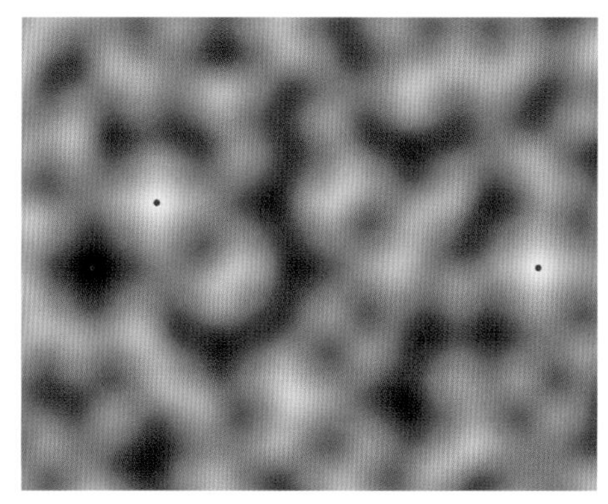

対角線方向に勾配を限定

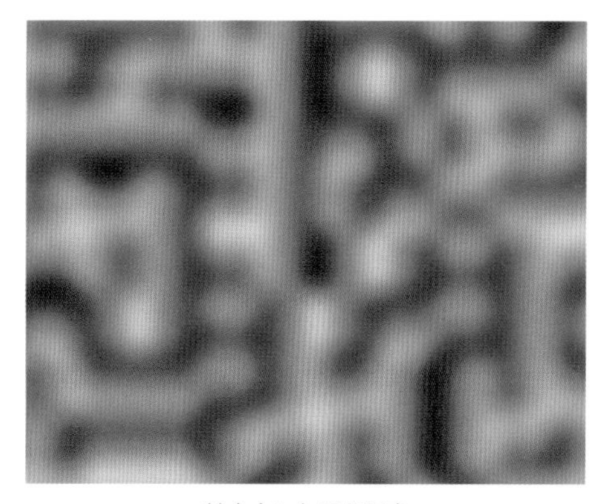

軸方向に勾配を限定

図 4.6：勾配のとり方によるノイズの品質比較（赤がはずれ値）（4_3_noiseQuality）

このコードでは値が 0.15 より小さい，または 0.85 より大きいとき赤くなります．これを実行すると，対角線方向に勾配を限定した勾配ノイズは，所々に赤い点があらわれていることが分かります（図 4.6 左）．また軸方向に勾配を限定したものでは，赤い点はあらわれてはいませんが，縦横方向の筋が目立っています（図 4.6 右）．こういったアーティファクトが生じる可能性を除外する 1 つの案が，次に紹介するパーリンノイズです．

4.2 パーリンノイズ

Perlin は 2002 年の論文 [16] で勾配ノイズの改良案を提案しました．この論文にちなんだノイズは**パーリンノイズ**と呼ばれています[*2]．ここでは 2 つのアイデアが提示されています．1 つはエルミート補間において 5 次関数を使うことです．これについては前章で述べたように，**勾配をとった際の滑らかさ**に関係しています．もう 1 つは勾配の方向を限定することです．Perlin は 3 次元において，軸方向と対角線方向を除いた，次の 12 方向の勾配ベクトルからランダムに選択することを提案しています．

$$
\begin{gathered}
(1,1,0),\ (-1,1,0),\ (1,-1,0),\ (-1,-1,0),\\
(1,0,1),\ (-1,0,1),\ (1,0,-1),\ (-1,0,-1),\\
(0,1,1),\ (0,-1,1),\ (0,1,-1),\ (0,-1,-1)
\end{gathered}
\tag{4.3}
$$

これは**アーティファクトを生じさせず，計算コストを下げる**効果をもたらします．

＊2　Perlin によるノイズはいくつかあり，「パーリンノイズ」と呼ぶものは文脈によって異なる場合があります．

実装

まず3次元のパーリンノイズを実装しましょう[*3]．12個の勾配（4.3）はすべて成分が ± 1 か0なので，その内積は成分のたし算，引き算で実装できます．つまり，3次元ベクトル (x, y, z) との内積の値は

$$\begin{aligned} &x+y,\ -x+y,\ x-y,\ -x-y, \\ &x+z,\ -x+z,\ x-z,\ -x-z, \\ &y+z,\ -y+z,\ y-z,\ -y-z \end{aligned} \tag{4.4}$$

の12通りです．ハッシュ値をこの12通りの計算に対応させることにより，勾配ノイズの計算を簡略化させます．

コード4.6：3変数パーリンノイズ（4_4_pnoise）

```
1  float gtable3(vec3 lattice, vec3 p){//lattice: 格子点
2      uvec3 n = floatBitsToUint(lattice);// 格子点の値をビット列に変換
3      uint ind = uhash33(n).x >> 28;// ハッシュ値の桁を落とす
4      float u = ind < 8u ? p.x : p.y;
5      float v = ind < 4u ? p.y : ind == 12u || ind == 14u ? p.x : p.z;
6      return ((ind & 1u) == 0u ? u: -u) + ((ind & 2u) == 0u ? v : -v);
7  }
8  float pnoise31(vec3 p){
9      ...
10     for (int k = 0; k < 2; k++ ){
11         for (int j = 0; j < 2; j++ ){
12             for (int i = 0; i < 2; i++){
13                 v[i+2*j+4*k] = gtable3(n + vec3(i, j, k), f - vec3(i, j, k))
                   * 0.70710678;  //0.70710678 ≒ 1/sqrt(2)
14             }
15         }
16     }
17     ...
```

gtable3関数は，格子点を（4.4）の12通りの計算にランダムに対応させる関数です．まず3行目ではハッシュ値をシフトして2進数の $4(=32-28)$ 桁，つまり10進数での16までの値にします[*4]．4,5,6行目は三項演算子を使った条件文です．三項演算子とは

（条件式）？（式A）：（式B）

の形で与えられる式で，条件式が真ならば式Aを計算し，偽ならば式Bを計算します．三項

＊3　Perlinによる JAVA での実装 https://cs.nyu.edu/~perlin/noise/ を参考にしています．

＊4　ここでは16個の数値を12通りの計算に対応させているので（表4.2），4個のダブリ（indが12, 13, 14, 15の分）がありますが，この4個に対応するベクトルの配置は正四面体に近いため，勾配の向きに大きな偏りは生まれないことを論文[16]では主張しています．

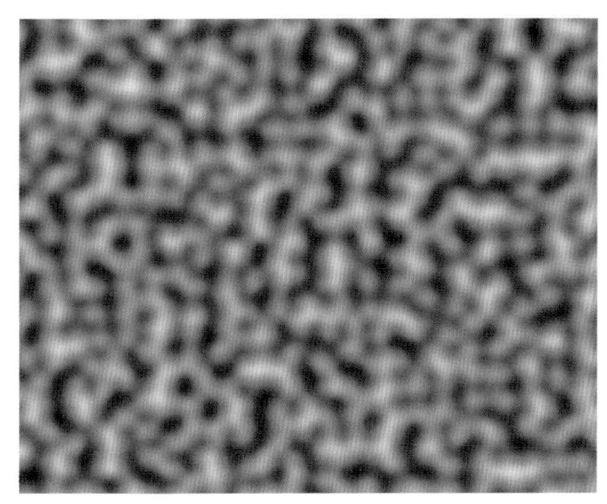

図 4.7：パーリンノイズ（4_4_noise）

演算子はコードをコンパクトにすることができます．4 行目は ind が 8 より小さければ u に p.x を，そうでなければ p.y を代入します．同様に，5 行目では ind が 4 より小さければ v に p.y を，4 以上で 12 でも 14 でもなければ p.z を，12 か 14 ならば p.x を代入します．さらに 6 行目ではビット演算の論理和 & を使い，下位 2 つのビットから u，v の符号を決定して，それらを足します．

ind	0	1	2	3
return	p.x+p.y	-p.x+p.y	p.x-p.y	-p.x-p.y
ind	4	5	6	7
return	p.x+p.z	-p.x+p.z	p.x-p.z	-p.x-p.z
ind	8	9	10	11
return	p.y+p.z	-p.y+p.z	p.y-p.z	-p.y-p.z
ind	12	13	14	15
return	p.y+p.x	-p.y+p.z	p.y-p.x	-p.y-p.z

表 4.2：gtable3 関数の計算

gtable3 関数を使うことにより，pnoise31 関数では勾配を取得して内積をとる計算をスキップし，13 行目で直接内積の値を求めることができます．ここでは $\sqrt{2}$ で割って，勾配の大きさを正規化しています．

2変数

12個の勾配（4.3）は，立方体の中心から各辺の中点へ向かうベクトルです（図4.8左）．よってこれらには方向的な偏りはありません．Perlinの論文[16]では3次元ベクトルの場合しか書かれていませんが，2次元の場合も同じように対角線方向，軸方向を避けて勾配を選びます．対角線方向，軸方向のベクトルの偏角は$\pi/4$の倍数なので，それを避けた偏角$n\pi/4+\pi/8\ (0 \leqq n < 8)$のベクトルをとりましょう（図4.8右）．

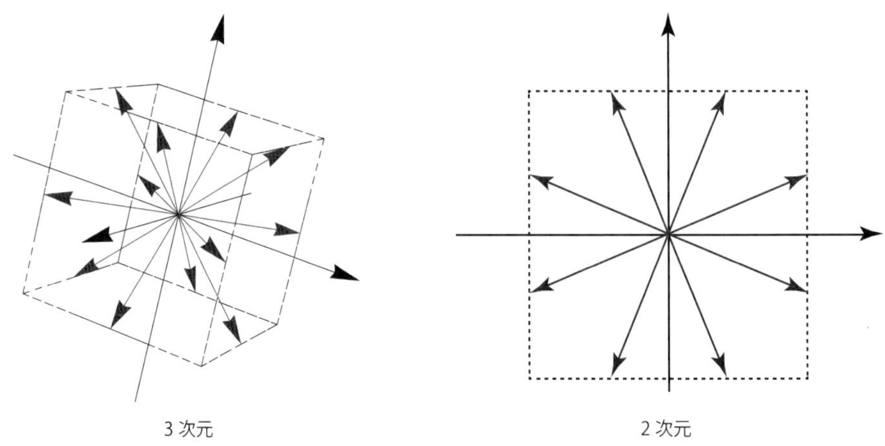

図4.8：軸方向と対角線方向を除いた勾配

このとき，8個の勾配は$c=\cos(\pi/8), s=\sin(\pi/8)$とすると，次のようにとれます．

$$\begin{aligned}&(c,s),\ (-c,s),\ (c,-s),\ (-c,-s),\\&(s,c),\ (-s,c),\ (s,-c),\ (-s,-c)\end{aligned} \tag{4.5}$$

よって3次元の場合と同じように，2次元のパーリンノイズも次のように定義します．

コード4.7：2変数パーリンノイズ（4_4_pnoise）

```
1   float gtable2(vec2 lattice, vec2 p){
2       uvec2 n = floatBitsToUint(lattice);
3       uint ind = uhash22(n).x >> 29;
4       float u = 0.92387953 * (ind < 4u ? p.x : p.y);//0.92387953 ≒ cos(pi/8)
5       float v = 0.38268343 * (ind < 4u ? p.y : p.x);//0.38268343 ≒ sin(pi/8)
6       return ((ind & 1u) == 0u ? u : -u) + ((ind & 2u) == 0u? v : -v);
7   }
8   float pnoise21(vec2 p){
9       ...
10      for (int j = 0; j < 2; j ++){
11          for (int i = 0; i < 2; i++){
12              v[i+2*j] = gtable2(n + vec2(i, j), f - vec2(i, j));
```

```
13            }
14        }
15        ...
```

問題 4.1 2 変数，3 変数の手法を拡張し，4 変数パーリンノイズをつくれ．

周期性

第 1 章のように極座標をとってノイズテクスチャをマッピングする場合，つなぎ目ではその模様がつながっている必要があります．ここでは乱数に周期性を持たせて，端と端がつながるような周期性のあるノイズをつくってみましょう．

コード 4.8：周期的なノイズ（4_5_periodicNoise）

```
1  float periodicNoise21(vec2 p, float period){//period: 周期
2      ...
3              v[i+2*j] = gtable2(mod(n + vec2(i, j), period), f - vec2(i, j));
               //mod 関数で周期性を持たせたハッシュ値
4      ...
5  }
```

ここで mod 関数は $\mathrm{mod}(x, y) = x - y\,\mathrm{floor}(x/y)$ で定義される関数で，x を y で割った余りを $[0, y]$ 区間の範囲で返します．つまりハッシュ値は引数 period の個数だけ循環してあらわれます．

図 4.9：周期的な勾配ノイズと極座標を使ったテクスチャマッピング（4_5_periodicNoise）

NOTE 5［単体ノイズ］ 値ノイズと勾配ノイズでは，平面全体を正方形のマスで分割し，各マスの角を格子点としてノイズをつくりました．しかし平面を分割する方法はこの1通りではなく，例えば正3角形や正6角形による分割など，様々な分割があります（『数学から創るジェネラティブアート』[6, 第2部] 参照）．とくに3角形は頂点の数が最も少ない多角形であり，このような図形は単体と呼ばれます．平面を正方形で分割するのではなく，3角形で分割し，その頂点を格子点として使うノイズがPerlin [17] による単体ノイズです．3次元の場合は4面体が単体であり，それは4個の頂点によって構成されます．同様にして，一般に n 次元空間の単体は $n+1$ 個の頂点を持ち，この頂点での乱数値から単体ノイズがつくられます．通常の直交格子の場合，マスの頂点の個数は 2^n であるため，高次元の場合では単体ノイズは大幅に計算量を落とすことが可能です．また縦横の方向的なクセが出にくいといった特徴を持ちます．一方，近隣の頂点の取り方がやや複雑なので，その分すこし技巧的なプログラミングが必要になります（詳しくは『Unity Graphics Programming vol.2』[7, 第8章]）．

Boolean Operation of fBM

3 つの fBM（第 5 章）をしきい値処理によって二値化してから集合演算（第 5 章）を施して，ベン図の各部分集合ごとに色を変えている.

第5章 ノイズの調理法

ノイズ関数は様々な視覚表現を生み出すための素材です．モヤモヤとしたノイズにすこし「調理」を加えるだけで，それを様々なテクスチャに変身させることができます．この章ではノイズ関数の基本的な調理方法について学びます．

5.1 再帰

再帰関数とは，関数の中でさらに自分自身の関数を呼び出すような関数のことです．GLSLでは再帰関数は使えませんが，繰り返し文を使って再帰的な処理を行うことができます．ノイズ関数を再帰的に処理し，新たなノイズ関数をつくる方法について見てみましょう．

非整数ブラウン運動（fBM）

1変数ノイズ関数 $\mathrm{noise}(x)$ を考えます．このとき $\mathrm{noise}(x)$ と $\mathrm{noise}(2x)$ のグラフを比べると，$\mathrm{noise}(2x)$ は $\mathrm{noise}(x)$ を横方向に半分縮めたものだと見なすことができます．NOTE 4のようにノイズを音と見なすと，これはもとの周波数成分が2倍高くなったもの，つまり1オクターブ上げた音であることが分かります．周波数を整数倍した音は倍音と呼ばれており，楽器の音には振幅の小さい倍音成分が含まれています．音色はこの倍音成分の大きさによって変わります．ノイズ関数も同じように，周波数を倍増させながら振幅を減少させて加算し，音色を変えてみましょう．

1以下の定数 G に対し，ノイズ関数の周波数を2倍するごとに値を G 倍して，それを足し合わせます．

$$\mathrm{noise}(x) + G\mathrm{noise}(2x) + G^2\mathrm{noise}(4x) + \cdots + G^k\mathrm{noise}(2^k x) \tag{5.1}$$

ここで素材のノイズ関数 $\mathrm{noise}(x)$ はどんな関数でも構いませんが，値の範囲は $[-0.5, 0.5]$ 区間にずらしておきましょう．このようにして加工されたノイズ関数は**非整数ブラウン運動**（fractional Brownian motion, fBM）と呼ばれています．多変数の場合も1変数と同様に定義できます．

コード 5.1：非整数ブラウン運動（5_0_fbm）

```
1   float base21(vec2 p){//fBM の素材となる関数（値の範囲は [-0.5,0.5] 区間）
2       return channel == 0 ? vnoise21(p) - 0.5 :// 左：値ノイズ
3       pnoise21(p) - 0.5;// 右：パーリンノイズ
4   }
5   float fbm21(vec2 p, float g){//2 変数 fBM
6       float val = 0.0;// 値の初期値
7       float amp = 1.0;// 振幅の重みの初期値
8       float freq = 1.0;// 周波数の重みの初期値
9       for (int i = 0; i < 4; i++){
10          val += amp * base21(freq * p);
11          amp *= g;// 繰り返しのたびに振幅を g 倍
12          freq *= 2.01;// 繰り返しのたびに周波数を倍増
13      }
14      return 0.5 * val + 0.5;// 値の範囲を [0,1] 区間に正規化
15  }
16  void main(){
17      ...
18      float g = abs(mod(0.2 * u_time, 2.0) - 1.0);//g を [0,1] 区間上動かす
19      fragColor = vec4(vec3(fbm21(pos, g)), 1.0);
20  }
```

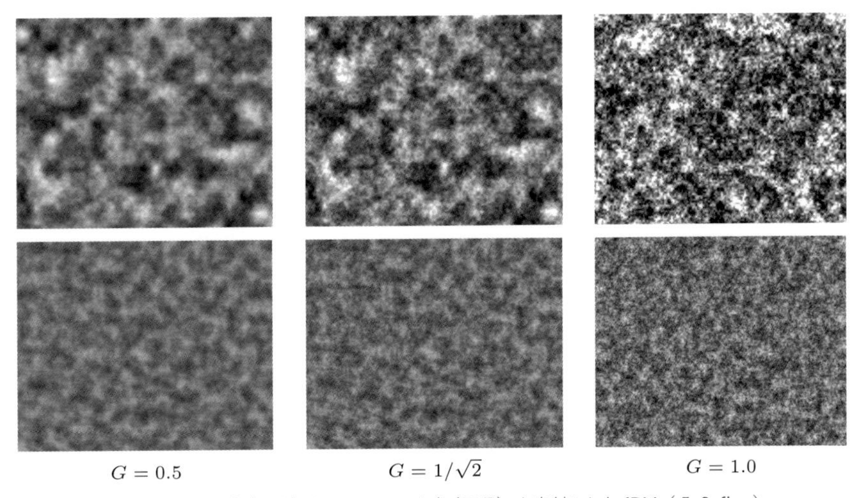

$G = 0.5$　　$G = 1/\sqrt{2}$　　$G = 1.0$

図 5.1：値ノイズ（上段）とパーリンノイズ（下段）を素材にした fBM（5_0_fbm）

このコードを実行すると G の値が 0 から 1 に近づくにしたがって，ノイズの粗さが変化することが分かります．値ノイズとパーリンノイズでは値分布が異なるため，素材のノイズ関数としてどちらを使うかによって出来上がりにも差があります（図 5.1）．fBM は繰り返し操作を行うため処理が重くなりがちであり，処理を軽くする場合は値ノイズを使うことが好まれます．また格子由来のクセがあらわれるのを防ぐため，周波数の倍数はぴったり 2.0 ではなく，12 行目のように 2.0 から少しずらした重みをつけます．

自己相似性

fBMの特徴の1つは自己相似性です[*1]．ここでの自己相似性とは，全体と部分が「おおよそ」同じかたちをしていることです．実際，式（5.1）を $\mathrm{fbm}(x)$ とすると，

$$
\begin{aligned}
\mathrm{fbm}(0.5x) &= \mathrm{noise}(0.5x) + G\mathrm{noise}(x) + \cdots + G^{k+1}\mathrm{noise}(2^k x) \\
&\fallingdotseq \mathrm{noise}(0.5x) + G\mathrm{fbm}(x)
\end{aligned}
$$

であり，ゆるやかな変化量である $\mathrm{noise}(0.5x)$ の分を無視すれば， $\mathrm{fbm}(0.5x)$ と $\mathrm{fbm}(x)$ はおおよそスケールの違いしかないことが分かります．つまり $\mathrm{fbm}(x)$ のグラフとそれを2倍に拡大した $\mathrm{fbm}(0.5x)$ のグラフは，大まかには似た形状をしています．

等倍

2倍拡大

図 5.2：fBM の自己相似性（ $G = 0.5$ ）

こういった自己相似性を持つかたちは**フラクタル**と呼ばれており，様々な自然現象に見られます．例えば山の稜線を見てみましょう．拡大してよく見れば木々の輪郭が現れ，さらに拡大すると木の葉の輪郭が現れます．もちろん山の稜線と木々の輪郭と木の葉の輪郭は異なる形状ですが，スケールを変えて大雑把な「ギザギザ具合」を見ると，似てなくもありません．こういった形状を模倣する際，fBMの自己相似性が役に立ちます． G の値を動かすことによって「ギザギザ具合」を調整し，fBMで自然の形状を模倣することができます．

＊1　その他，fBMの性質については『フラクタルイメージ』[14]，またはiqの記事（https://iquilezles.org/articles/fbm/）参照．

NOTE 6［カラードノイズ］ fBMは周波数成分に特徴を持ちます．$G = 2^{-H}$ としたとき，$H = 0, 0.5, 1$ でそれぞれfBMの波形とパワースペクトルを見てみましょう．

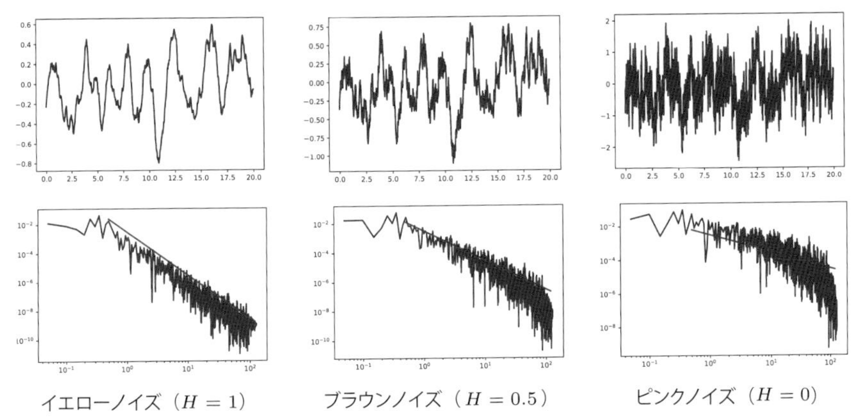

図 5.3：fBM の波形とパワースペクトル（対数グラフ）

このパワースペクトルの赤い補助線は，$y = 1/x, 1/x^2, 1/x^3$ のグラフをずらしたものです．これらを見ると，それぞれ周波数 f に対して，パワーが $1/f, 1/f^2, 1/f^3$ におおよそ比例しています．一般にfBMのパワースペクトルは $1/f^{2H+1}$ に比例することが知られています． $H = 0.5$ の場合は通常のブラウン運動と同じであることからブラウンノイズ，また $H = 0$ の場合は可視光の周波数に対応させてピンクノイズと呼ばれています． $H = 1$ の場合はとくに定まった呼び名はありませんが，iqはイエローノイズと呼んでいます（`https://iquilezles.org/articles/fbm/`）．

ドメインワーピング

ノイズ関数の値に再帰的な処理を加えたものがfBMでしたが，値ではなく座標に再帰的な処理を加えてみましょう．

定数 G を用意し，新たなノイズ関数を次のようにつくります．

$$\mathrm{noise}_1(x) = \mathrm{noise}(x + G\mathrm{noise}(x))$$

これはノイズのテクスチャ座標を， G だけ重みをつけたノイズ関数で歪ませています．これを繰り返せば，

$$\mathrm{noise}_2(x) = \mathrm{noise}(x + G\mathrm{noise}_1(x)),$$

$$\mathrm{noise}_3(x) = \mathrm{noise}(x + G\mathrm{noise}_2(x)),$$

$$\vdots$$

と再帰的にテクスチャ座標を歪ませたノイズ関数が得られます．このようにノイズ関数を加工させる手法は**ドメインワーピング**と呼ばれています．

コード 5.2：ドメインワーピング（5_1_warp）

```
1  float base21(vec2 p){// ドメインワーピングの素材となる関数
2      return channel == 0 ? fbm21(p, 0.5) :// 左：fBM(G=0.5)
3          pnoise21(p);// 右：パーリンノイズ
4  }
5  float warp21(vec2 p, float g){//2 変数ドメインワーピング
6      float val = 0.0;// 値の初期値
7      for (int i = 0; i < 4; i++){
8          val = base21(p + g * val);
9      }
10     return val;
11 }
```

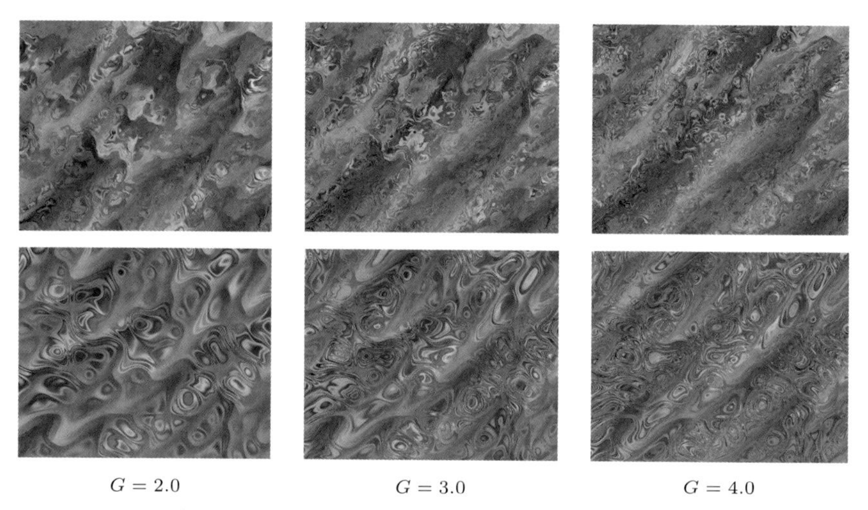

$G = 2.0$ $G = 3.0$ $G = 4.0$

図 5.4：fBM（上段）とパーリンノイズ（下段）を素材としたドメインワーピング（5_1_warp）

このコードでは座標にノイズ関数の値を加えることで歪めていますが，歪める方向が常に同じ方向であるため，歪ませる方向のクセがついてしまいます．ノイズ関数の値を回転のパラメータに使うことによって，歪ませる方向をずらすことができます．

コード 5.3：ドメインワーピング（5_2_warpRot）

```
1  float warp21(vec2 p, float g){
2      float val = 0.0;
3      for (int i = 0; i < 4; i++){
4          val = base21(p + g * vec2(cos(2.0 * PI * val), sin(2.0 * PI *
           val)));// 歪ませる方向をノイズで回転
5      }
6      return val;
7  }
```

fBM　　　パーリンノイズ

図 5.5：歪ませる方向を回転させたドメインワーピング（5_2_warpRot）

5.2　画像処理

Photoshop などの画像処理ソフトでは，与えられた画像データを加工して新たな画像をつくり出すことができます．シェーダでは関数の操作によって画像処理ができます．ここではいくつかの基本的な画像処理操作を見てみましょう．

階調の変換

フラグメントシェーダでは最終的に fragColor 変数に代入された値によって，各ピクセルの色が決まります．fragColor 変数に値を代入する前の最終段階で別の関数を合成すると，色の濃度の対応付けを変えることができます．この関数を**階調変換関数**と呼び，そのグラフをトーンカーブと呼びます*2．階調変換関数によって，画像の与える雰囲気は大きく変わります．

コード 5.4：階調変換関数による画像処理（5_3_conversion）

```
float converter(float v){// 階調変換関数
    float time = abs(mod(0.1 * u_time, 2.0) - 1.0);//[0,1] 区間を動く変数
    float n = floor(8.0 * time);// ポスタリゼーションの階調数
    return channel == ivec2(1, 0) ? step(time, v) :// 中央下 :(a) 二階調化
        channel == ivec2(2, 0) ? (floor(n * v) + step(0.5, fract (n * v))) / n :// 右下 :(b) ポスタリゼーション
        channel == ivec2(0, 1) ? smoothstep(0.5 * (1.0 - time), 0.5 * (1.0 + time), v):// 左上 :(c) S 字トーンカーブ
        channel == ivec2(1, 1) ? pow(v, 2.0 * time) :// 中央上 :(d) ガンマ補正
        channel == ivec2(2, 1) ? 0.5 * sin(4.0 *  PI * v +  u_time) + 0.5 :// 右上 :(e) ソラリゼーション
        v;// 左下 : 元画像
}
void main(){
    ...
    fragColor.rgb = vec3(converter(warp21(pos, 1.0)));// 階調変換関数の合成
    fragColor.a = 1.0;
}
```

*2　トーンカーブによる画像処理について詳しくは『ディジタル画像処理』[2, 第 4 章]．

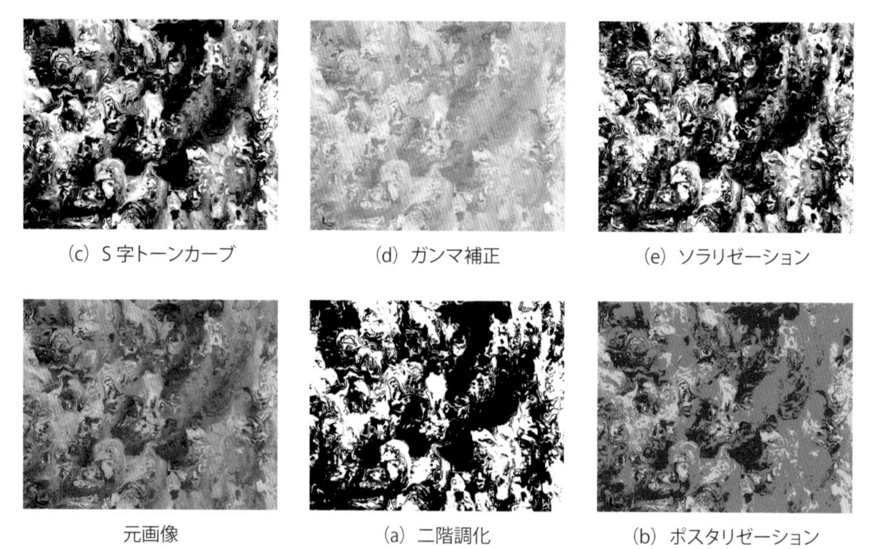

図 5.6：階調の変換（5_3_conversion）

(a) (b) は，第1章でも行ったように，階段関数を使って塗り絵的な画像に変換します．(a) はしきい値を境に二階調に，(b) は階調を数段階に落としています．(c) は滑らかな階段関数を使い，低い値はより低く，高い値はより高くし，コントラストを強調します．滑らかな階段関数のグラフはS字型であるため，これはS字トーンカーブを定めます．(d) では全体的な明るさを調整します．7行目の`pow`関数は，`pow(x, a)`によって x^a を計算しています．このトーンカーブは，$a > 1$ のとき上に膨らんだ曲線であり，その場合は値が全体的に上方補正されるため，画像の明るさが増します．逆に $0 < a < 1$ のときは下に膨らんだ曲線であり，この場合は全体的に明るさは落ちます．べきを使ったこのような明るさ調整はガンマ補正と呼ばれています．(e) はサイン関数を使って，値の高低を連続的に取り替えるもので，ソラリゼーションと呼ばれます．

ブレンディング

複数の画像からその中間の画像をつくることをブレンディングと呼びます．mix関数を使って，2つの画像をブレンディングしてみましょう．

コード 5.5：ブレンディング（5_4_blending）

```
1  vec3 blend(float a, float b){
2      float time = abs(mod(0.1 * u_time, 2.0) - 1.0);
3      vec3[2] col2 = vec3[](
4          vec3(a, a, 1),//a の値を青と白の中間色に変換
5          vec3(0, b, b)//b の値を黒と緑の中間色に変換
6      );
7      return channel == 0 ? mix(col2[0], col2[1], time)://左：一様な補間
8          mix(col2[0], col2[1], smoothstep(0.5 - 0.5 * time, 0.5 + 0.5 * time,
           b / (a + b)));//右：a と b の値に応じた補間
9  }
```

図 5.7：ブレンディング（5_4_blending）

このコードでは2つのノイズ関数の値に対して色の配列 col2 を定め，それを mix 関数で補間しています．ここで図 5.7 左では，7行目のように a と b の値に関わらず一様に補間しており，2つの画像の透過度が変わるように重なり合います[*3]．一方，図 5.7 右では，8行目のように a と b の値の比に応じて補間しており，a の比重が大きいほど col2[0] の色が強く出ています．

集合演算

与えられた集合に対し，その和集合や補集合，共通部分をとる操作を**集合演算**（またはブーリアン演算）といいます．二値画像に対して集合演算を適用してみましょう．

＊3　複数の画像の透過度を変えるブレンディングはアルファブレンディングと呼ばれており，通常 RGBA の A の値をパラメータとして線形補間します．

真偽値と論理演算

集合演算はベン図と呼ばれる模式図によって表すことができます．ある全体集合 X に含まれる 2 つの集合 A,B を，長方形に含まれる 2 つの○で囲まれる部分で表しましょう．

このとき図 5.8 の赤の部分が A と B の共通部分であり，$A \cap B$ と書きます．また緑と赤と青を合わせた部分は A と B の和集合であり，$A \cup B$ と書きます．さらに黄と青を合わせた部分（X から A を取り除いた部分）は A の補集合と呼ばれ，$\overline{A}$ と書きます．和集合と共通部分と補集合を組み合わせれば，図 5.8 の各色の集合をつくることができます．例えば，緑の部分は $A \cap \overline{B}$（これは差集合と呼ばれ，$A \setminus B$ と書きます），青の部分は $B \setminus A = \overline{A} \cap B$，黄の部分は $\overline{A \cup B} = \overline{A} \cap \overline{B}$ です．

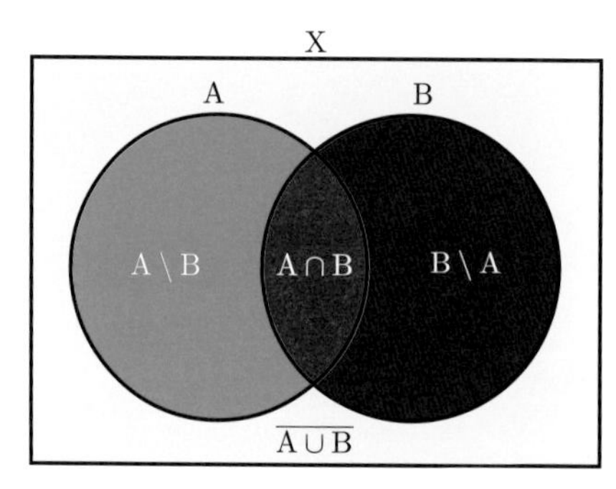

図 5.8：ベン図

画像を二値化すると値が 1（白）の部分と値が 0（黒）の部分に分けられます．真偽値と論理演算を使うことによって，2 つの二値画像の集合演算ができます．

コード 5.6：集合演算（5_5_bool）

```
vec2 f = vec2(warp21(pos, 1.0), warp21(pos + 10.0, 1.0));
f -= 0.5;// 値を [-0.5,0.5] にずらす
vec4 x;
if (channel == 0){
    bvec2 b = bvec2(step(f, vec2(0)));//0 より小さければ真，そうでなければ偽
    x = vec4(
        b[0] && b[1],// 共通部分
        b[0] && !b[1],// 差集合
        !b[0] && b[1],// 差集合
        !(b[0] || b[1])// 和集合の補集合，または補集合の共通部分 !b[0] && !b[1]
    );
} else {
    ...
}
vec3[4] col4 = vec3[](
    vec3(1, 0, 0),// 赤
    vec3(0, 1, 0),// 緑
    vec3(0, 0, 1),// 青
```

```
19      vec3(1, 1, 0)// 黄
20  );
21  for (int i = 0; i < 4; i++){
22      fragColor.rgb += x[i] * col4[i];
23  }
24  // 行列を使って次のように書くことも可能
25  // mat4x3 col4 = mat4x3( //4 列 3 行の行列
26  //    vec3(1, 0, 0), //1 列目
27  //    vec3(0, 1, 0), //2 列目
28  //    vec3(0, 0, 1), //3 列目
29  //    vec3(1, 1, 0) //4 列目
30  // );
31  // fragColor.rgb = col4 * x; // 行列の積
```

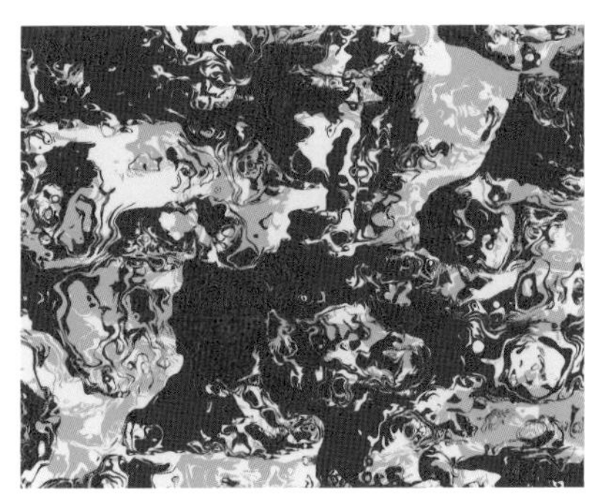

図 5.9：2 つのノイズの集合演算（5_5_bool）

5 行目では階段関数によって 0 と 1 に分け，それを真偽値に型変換しています．ここで 0 は偽（false），1 は真（true）です．7–10 行目では真偽値に対する論理演算をしており，論理積 `&&` は共通部分に，論理和 `||` は和集合に，否定 `!` は補集合に対応します．この論理演算を行った真偽値を 01 の数値に戻し，それに色に対応させて塗り分けています．

max と min による集合演算

コード 5.6 では値を真偽値に変換して論理演算しましたが，実は max 関数と min 関数を使えば**真偽値に変換することなく，関数の操作だけで集合演算を行う**ことができます．これは後に登場する SDF の操作（第 9 章）で力を発揮します．

2 つの関数 f_0, f_1 に対し，値がしきい値 0 を下回る部分を A, B とすれば

$$\mathrm{A} = \{f_0(x) < 0\}, \quad \mathrm{B} = \{f_1(x) < 0\}$$

と書くことができます．

このとき $\mathrm{A} \cap \mathrm{B}$ 上では f_0, f_1 の値はともに0より小さいため，共通部分に含まれる x に対し，$f_0(x), f_1(x)$ の大きい方の値である $\max(f_0(x), f_1(x))$ は0より小さくなります．逆に $\max(f_0(x), f_1(x))$ が0より小さければ，この x は $\mathrm{A} \cap \mathrm{B}$ に含まれるので

$$\mathrm{A} \cap \mathrm{B} = \{\max\left(f_0(x), f_1(x)\right) < 0\}$$

であることが分かります．

また和集合上では f_0, f_1 の少なくとも一方は0より小さくなるので，和集合に含まれる x に対し，$f_0(x), f_1(x)$ の小さい方の値である $\min(f_0(x), f_1(x))$ は0より小さくなります．逆に $\min(f_0(x), f_1(x))$ が0より小さければ，この x は $\mathrm{A} \cup \mathrm{B}$ に含まれるので，次のように書けます．

$$\mathrm{A} \cup \mathrm{B} = \{\min\left(f_0(x), f_1(x)\right) < 0\}$$

$\overline{\mathrm{A}}$ 上では $f_0(x) \geqq 0$ であるので，補集合は

$$\overline{\mathrm{A}} = \{-f_0(x) \leqq 0\}$$

です．同様に $\overline{\mathrm{B}} = \{-f_1(x) \leqq 0\}$ であり，差集合も次のように表すことができます．

$$\mathrm{A} \setminus \mathrm{B} = \mathrm{A} \cap \overline{\mathrm{B}} = \{\max\left(f_0(x), -f_1(x)\right) < 0\}$$

$$\mathrm{B} \setminus \mathrm{A} = \overline{\mathrm{A}} \cap \mathrm{B} = \{\max\left(-f_0(x), f_1(x)\right) < 0\}$$

$$\overline{\mathrm{A} \cup \mathrm{B}} = \{-\min\left(f_0(x), f_1(x)\right) < 0\}$$

これを使えば，コード5.6の5–11行目は次のように書き換えることが可能です．

コード5.7：maxとminを使った集合演算（5_5_bool）

```
1  x = vec4(
2      max(f[0], f[1]),// 和集合
3      max(f[0], -f[1]),// 差集合
4      max(-f[0], f[1]),// 差集合
5      -min(f[0], f[1])// 和集合の補集合，または補集合の共通部分 max(-f[0], -f[1])
6      );
7  x = step(x, vec4(0.0));
```

Gradient of Cellular Noise
胞体ノイズ（第6章）の勾配を使ったテクスチャ．

第 II 部

距離がつくりし世界

数学者とは、真っ暗な部屋の中で、そこには居ない黒猫を探し続ける盲目の人のようなものだ。

―― チャールズ・ダーウィン

[部扉写真]
笠覆寺信徒会館（2021）
真言宗の寺院である笠覆寺（名古屋）の改修工事に伴い建立された信徒会館の天井．建築設計事務所 worklounge03- に著者がジオメトリアドバイザーとして協業．両界曼荼羅の対称性と再帰性を参照し，Ammann-Beenker 準周期タイリングをもとにしたパラメトリックデザインを取り入れ，3D 形状を音響最適化している．
Photo: 株式会社 VIG

第6章 胞体ノイズ

値ノイズと勾配ノイズは格子点でのランダムな値を使ったノイズ関数でした．一方，この章で学ぶノイズ関数は，距離を使ってつくられます．例えば，運動場に目印となる旗をバラまいて，運動場内の計測位置から旗への距離を測ってみましょう．最も近い旗までの距離，2番目に近い旗までの距離，3番目に近い旗までの距離，... と順に近隣の旗までの距離をとり，その値に重みをつけて足し合わせたものが，**胞体ノイズ**（セルラーノイズ，またはウォーリーノイズ）です．胞体（セル）とは生物の細胞や建物の小部屋を模式化したもので，胞体ノイズは「近さ」によって空間をバラバラに分割します．Steven Worley [19] によって提案されたこのノイズ関数は，敷石やワニ革などのテクスチャ生成でも使われています．

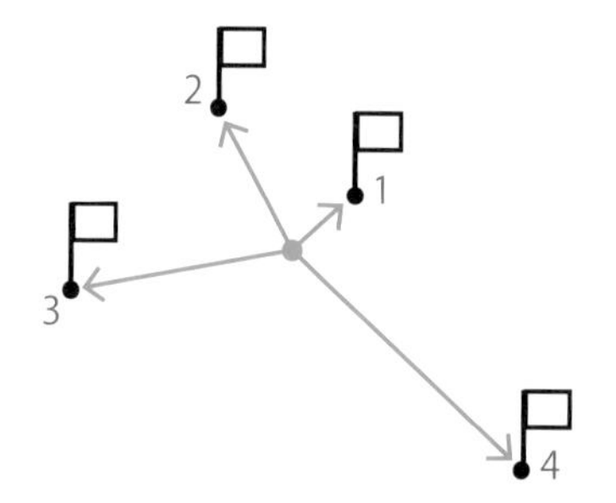

図 6.1：順に近い旗までの距離を測る

6.1 第1近傍距離とボロノイ分割

胞体ノイズは空間内に点をバラまいて，各点への距離を測ることによって得られますが，バラまかれたこれらの点は**特徴点**と呼ばれます．特徴点を $\mathrm{A}_1, \ldots, \mathrm{A}_n$ としましょう．空間内の点Pを定めたとき，Pから特徴点 A_i への距離を $d(\mathrm{P}, \mathrm{A}_i)$ で表すことにすると，すべての特徴点までの距離の最小値

$$\min\left(d(\mathrm{P}, \mathrm{A}_1), \ldots, d(\mathrm{P}, \mathrm{A}_n)\right)$$

が求まります．これを**第1近傍距離**と呼び，第1近傍距離を与える特徴点，つまり最も近くにある特徴点を**第1近傍点**と呼びます．まずは特徴点のバラまき方と第1近傍点の求め方を考え，さらにその応用としてボロノイ分割をつくります．

特徴点の分布

胞体ノイズは特徴点をランダムにバラまくことによって得られます．特徴点 $\mathrm{A}_1,\ldots,\mathrm{A}_n$ のバラまかれ方が全く分からない場合，愚直に n 個の特徴点までの距離を計算する必要がありますが，これだと n が増えれば増えるほど計算コストが増大します．そこで特徴点のバラまき方に規則性を持たせ，近くの点がどれになるか候補を絞れるようにしてみましょう．

特徴点がランダムにバラまかれているのではなく，座標が整数値であるような格子点上に整然と並んでいるような場合，第1近傍点がどれかは容易に分かります．例えば，点 $\mathrm{P}(4.6, 2.3)$ の近くでは，4.6 が 5 に近く，2.3 が 2 に近いため，座標 $(5,2)$ の特徴点が第1近傍点であり，第1近傍距離は $\sqrt{(5-4.6)^2+(2-2.3)^2}=0.5$ です（図 6.2）．ここで第1近傍距離をとる関数を F_1 とすると，$F_1(\mathrm{P})=0.5$ です．点 $\mathrm{Q}(4.5, 2.3)$ の近くでは，その第1近傍点は座標 $(4,2),(5,2)$ の2点であり，$F_1(\mathrm{Q})\fallingdotseq 0.58$ です．つまり，格子点を中心としたマス（図 6.2 のオレンジ色の線で囲まれた部分）で平面を区切れば，第1近傍点はマスによって判定できます．

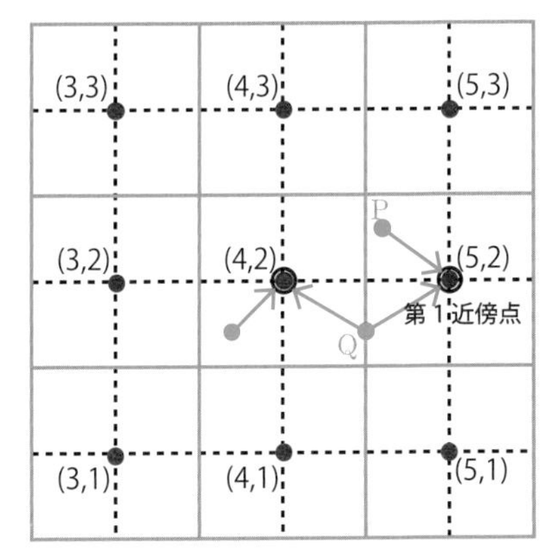

図 6.2：特徴点が格子点である場合の第1近傍点

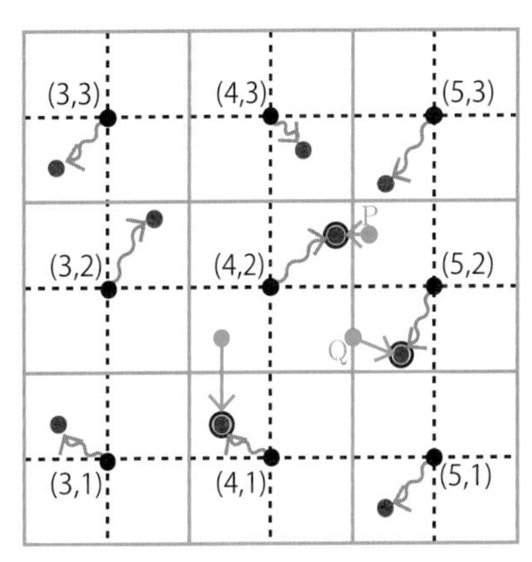

図 6.3：特徴点（●）を格子点（●）からずらした場合の第1近傍点

次に乱数を使って特徴点をマスの内部でずらし，それを新たに特徴点としてみましょう．つまり特徴点の位置ベクトルは

$$(\text{格子点ベクトル}) + ([-0.5, 0.5]\ \text{区間の乱数ベクトル})$$

です（図 6.3）．この場合，図 6.2 のようには簡単に第1近傍点を特定できないため，いくつか候補となる特徴点への距離を計算して比べる必要があります．いま図 6.3 のオレンジのマスの

中には必ず1つの特徴点が含まれているので，第1近傍距離は $\sqrt{2}$ 以下であることは分かります．したがって，点Pが含まれるマス（図6.4の黄色の部分）に対し，そのマスから $\sqrt{2}$ 以内の距離にある上下左右2つ隣までのマスをすべて探索すれば，必ず第1近傍点は見つけることができます．

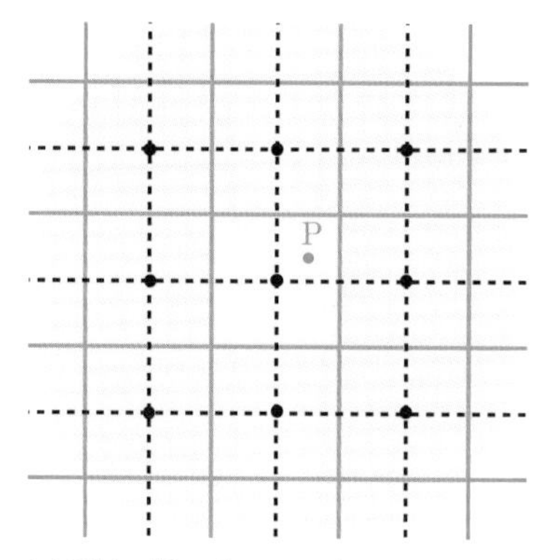

図6.4：点Pを含むマスから距離 $\sqrt{2}$ 以内の領域（水色部分）に必ず第1近傍点が含まれる

コード6.1：第1近傍距離の計算（6_0_fdist）

```
float fdist(vec2 p){
    vec2 n = floor(p + 0.5);// 最も近い格子点
    float dist = sqrt(2.0);// 第1近傍距離の上限
    for(float j = - 2.0; j <= 2.0; j ++ ) {
        for(float i = - 2.0; i <= 2.0; i ++ ){
            vec2 glid = n + vec2(i, j);// 近くの格子点
            vec2 jitter = sin(u_time) * (hash22(glid) - 0.5);// 特徴点と格子点のずれ
            dist = min(dist, distance(glid + jitter, p));// 第1近傍距離を更新
        }
    }
    return dist;
}
```

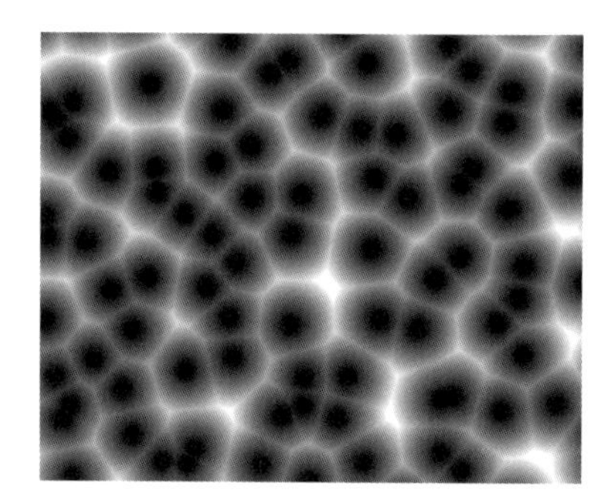

図6.5：第1近傍距離（6_0_fdist）

この関数では，2つ隣までのマスに含まれる特徴点への距離を順に計算し，第1近傍距離の値を更新しています．まず2行目では，引数の点に最も近い格子点を計算しています．第1近傍距離の上限値は $\sqrt{2}$ で抑えられるので（3次元の場合は $\sqrt{3}$ ），変数 dist の初期値を $\sqrt{2}$ で与え，近傍の特徴点への距離がそれを下回る場合に値を更新します．このコードを実行すると，特徴点のあたりが黒く沈んだような色になり，それを取り囲む細胞によって描画キャンバスが埋め尽くされています（図6.5）．7行目のように乱数の大きさをサイン関数によって動かせば，特徴点が格子からずれるに従って，この細胞が歪に動くことが分かります．

パフォーマンス改良

コード6.1では2つ隣までのマスを端からしらみ潰しに探索しましたが，この方法では $5^2 = 25$ マスの探索が必要です．2次元の場合ではまだそこまで重い負担ではありませんが，次元が増えるにつれて $5^3 = 125, 5^4 = 625, \ldots$ と探索範囲が爆発的に増大してしまいます．もう少し探索方法を効率化し，探索対象のマスを減らしてみましょう．

コード6.2：第1近傍距離の計算の改良（6_1_fdistImproved）

```
float fdist21(vec2 p){
    vec2 n = floor(p + 0.5);// 最も近い格子点
    float dist = sqrt(2.0);
    for(float j = 0.0; j <= 2.0; j ++ ) {
        vec2 glid;// 近くの格子点
        glid.y = n.y + sign(mod(j, 2.0) - 0.5) * ceil(j * 0.5);
        if (abs(glid.y - p.y) - 0.5 > dist){
            continue;
        }
        for(float i = -1.0; i <= 1.0; i ++ ){
            glid.x = n.x + i;
            vec2 jitter = hash22(glid) - 0.5;
            dist = min(dist, length(glid + jitter - p));
        }
    }
    return dist;
}
```

このコードの改良点は次の3つです．

- 行単位での距離の下限が dist を上回る場合は，その行での探索をスキップ（7–9行目）
- 探索順序を変える（6行目）
- 探索範囲を狭める（4行目，10行目）

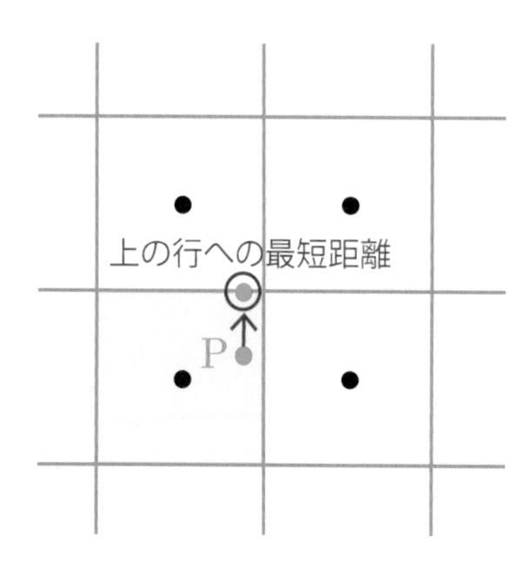

図 6.6：第 1 近傍距離の評価

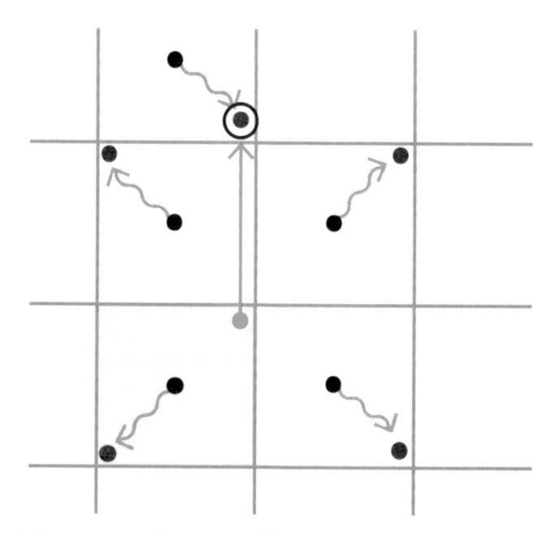

図 6.7：2 つ隣のマスに第 1 近傍点があらわれる場合

特徴点との距離は行ごとに計算していますが，その行の中での距離の下限が第 1 近傍距離の候補である `dist` よりも大きければ，その行の特徴点の計算をスキップすることができます．いま行の中での距離の下限は上下方向のマスへの最短距離であり（図 6.6），格子点の y 座標との差を使って 7 行目のように計算できます．

`dist` が早い段階で小さくなれば，探索をスキップできる可能性が高まるので，探索順序も改善してみましょう．コード 6.1 の 4 行目の for 構文では

$$-2 \to -1 \to 0 \to +1 \to +2$$

と端から順に計算しましたが，近傍点は中央近くのマスにある可能性が高いので，6 行目のようにこの順番を変えて

$$0 \to -1 \to +1 \to -2 \to +2$$

と中心から離れるようにジグザグに探索する方が効率的です．

また，コード 6.1 では 2 つ隣のマスまで探索しましたが，2 つ隣のマスに第 1 近傍点が含まれるのは図 6.7 のように近隣の特徴点が遠ざかるように離れている特殊な場合であり，探索範囲を 1 つ隣までに制限しても，目立つアーティファクトはほぼ発生しません．

NOTE 7［**特徴点分布の一般化**］本書ではマスの中に 1 点だけ特徴点が含まれるような場合を考えましたが，マスの中の特徴点の個数もランダムに与えると，ボロノイ胞体の大きさがさらにバラつき，格子に由来するボロノイ分割のクセを取り除くことができます．Worley [19] はマスに含まれる特徴点の個数の確率をポアソン分布で与えており，ポアソン分布のパラメータを動かすことで，マスの中の平均的な特徴点の個数を制御しています．マスの中の平均的特徴点の個数を増やせば，探索するマスの範囲を狭めることもできます．

近傍距離の効率的な探索方法についてはJonchierら[8]やvoroce（https://github.com/shinjiogaki/voroce）によっても提案されています．コード6.2では行ごとにマスを探索していますが，探索順序をマスへの距離の下限の順序に取り替えれば，探索のスキップをより効率よく行うことができます．

勾配

第1近傍距離をとる関数 F_1 の勾配を可視化してみると（図6.8），この関数の特徴が見えてきます． F_1 は特徴点で値が0になる関数ですが，特徴点の周りで勾配の向きも回転しています．また，特徴点と特徴点との間の境界線上で，勾配の向きが切り替わっています．この境界線が次に紹介するボロノイ分割を与えます．

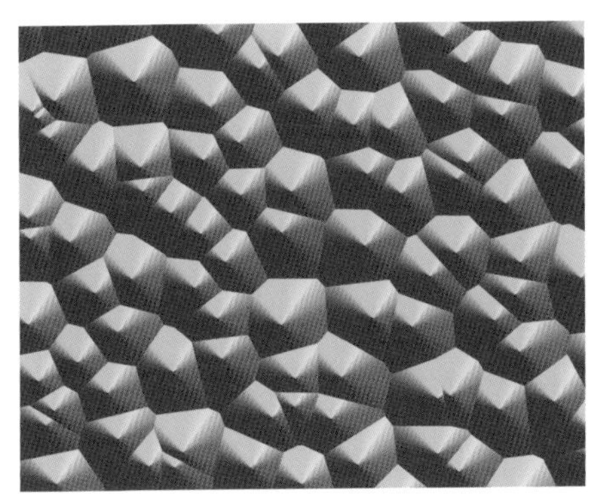

図6.8： F_1 の勾配（6_2_fdistGrad）

ボロノイ分割

ボロノイ分割とは，平たく言えば**領土を公平に分配するための分割**です．例えば，ある島でいくつかの集落がバラバラの場所で暮らしていたとしましょう．この島を集落ごとにうまく領土を分割するにはどうすればよいでしょうか．隣の集落との境界線を引くのに最も公平な方法は，隣合う集落のちょうど真ん中を横切るように線を引くことです．近くにいるすべての集落に対してこのように境界線を引けば，線の内側を集落の領土として確定することができます．この領土を**ボロノイ胞体**（セル）と呼び，領土によって島をバラバラに分割することを**ボロノイ分割**と呼びます．人間社会でこんな単純に領土分けできることはあまりありませんが，生物の細胞分布などの自然現象にはボロノイ分割に似たパターンがしばしばあらわれます．

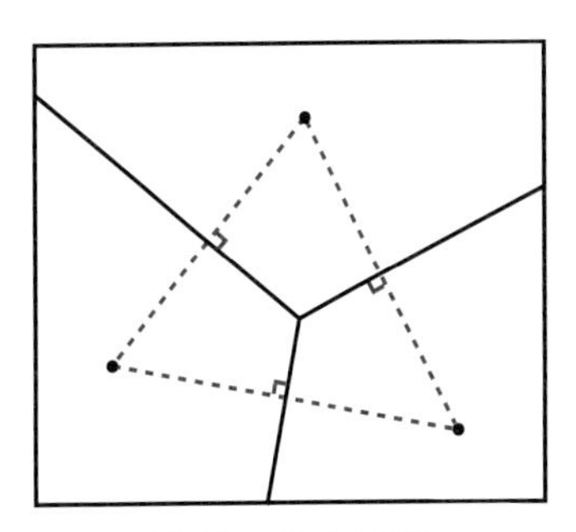

図6.9：ボロノイ分割

F_1 は第1近傍点までの距離を返しましたが，第1近傍点のID情報を返すように変更し，その情報に対して色を決定するようにします．ここで特徴点は格子点に紐づけられているため，IDは格子点の座標とします[*1]．このIDから乱数を使って色を対応させると，モザイクタイルのようにキャンバス全体がタイル張りされます．3変数に拡張された F_1 を改変すれば，同じようにして3次元ボロノイ分割もつくることができます．

コード6.3：ボロノイ胞体のID（6_3_voronoi）

```
vec2 voronoi2(vec2 p){
    ...
    vec2 id;// ボロノイ胞体の ID 変数
    ...
            if (length(glid + jitter - p) <= dist){// 第 1 近傍距離が更新される場合
                dist = length(glid + jitter - p);// 距離を更新
                id = glid;//ID として格子点をとる
            }
    ...
    return id;//ID を返す
}
```

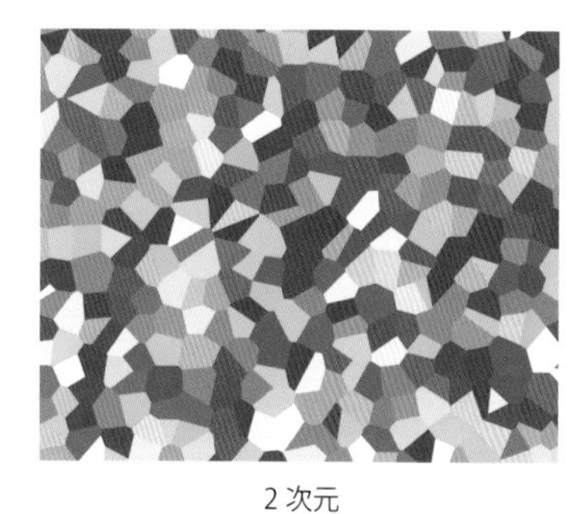

2次元

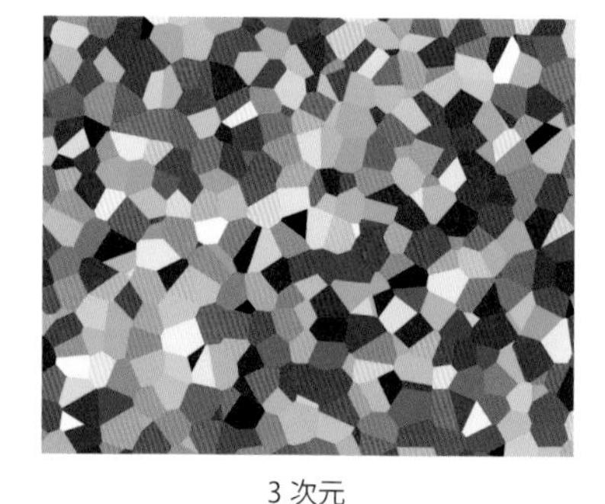

3次元

図6.10：ボロノイセルの塗り分け（6_3_voronoi）

問題6.1 ボロノイ胞体を色分けするのではなく，その境界線を描き出すようにプログラミングせよ．

*1 ボロノイ胞体の境界上では第1近傍点は1つに定まりませんが，境界は無視できるほど小さいので，グラフィックスには大きく影響しません．

NOTE 8［**ボロノイ分割の平滑化**］関数 F_1 はボロノイ分割をぼかしたものとして見ることができますが，その勾配（図 6.8）を見ると分かるように，ボロノイ胞体の境界線では滑らかではありません．この境界を滑らかにするテクニックが，iq によるスムース・ボロノイ（https://iquilezles.org/articles/smoothvoronoi/）です． F_1 は min 関数を使って最も近くの特徴点への距離をとることで得られました．つまり F_1 に寄与するのは第 1 近傍距離のみですが，近くの特徴点への距離の大きさによって寄与に重みをつけ，すべてを加算するのがスムース・ボロノイ関数です．またここに乱数要素を加えることにより，ボロノイとノイズの合いの子であるボロノイズ（https://iquilezles.org/articles/voronoise/）をつくることができます．

6.2　胞体ノイズの構成

前節では 1 番近い特徴点の距離のみを計算しましたが，さらに 2 番目以降に近い特徴点への距離も計算してみましょう．空間内の点に対し，i 番目に近い特徴点を第 i 近傍点，第 i 近傍点との距離を第 i 近傍距離とし，第 i 近傍距離を返す関数を F_i とします．ここでは F_1, F_2, F_3, F_4 を構成します．

コード 6.4：第 4 近傍距離の探索（6_4_fdist4）

```
1  vec4 sort(vec4 list, float v){// 暫定 4 位までの値を成分とする list と値 v を比較して並べ替え
2      bvec4 res = bvec4(step(v, list));// 比較結果の真偽値
3      return res.x ? vec4(v, list.xyz)://v が 1 位の場合
4          res.y ? vec4(list.x, v, list.yz)://v が 2 位の場合
5          res.z ? vec4(list.xy, v, list.z)://v が 3 位の場合
6          res.w ? vec4(list.xyz, v)://v が 4 位の場合
7          list;    //v が 5 位以下の場合は並び替えない
8  }
9  vec4 fdist24(vec2 p){
10     vec2 n = floor(p + 0.5);// 最も近い格子点
11     vec4 dist4 = vec4(length(1.5 - abs(p - n)));// 第 4 近傍距離の上限
12     for(float j = 0.0; j <= 4.0; j ++ ) {
13         ...
14         for(float i = -2.0; i <= 2.0; i ++ ){
15             ...
16             dist4 = sort(dist4, length(glid + jitter - p));// 近傍距離の更新
17         }
18     }
19     return dist4;
20 }
```

コード 6.2 からの主な改変点は次の 2 つです．

- 第 4 近傍距離の上限を定める（11 行目）
- 特徴点への距離と第 4 近傍距離の値を比較し，近傍距離を並び替えて更新（1–8 行目）

図 6.11 のように点 P がマスの右上の部分にあるとします．P の近隣のマスを上，右上，右にとると，この 4 マスの内側には必ず 4 つの特徴点が含まれています．この 4 マスの範囲の中で最も離れている点は右上のマスの角なので，この点までの距離によって第 4 近傍距離の大きさを抑えられます．

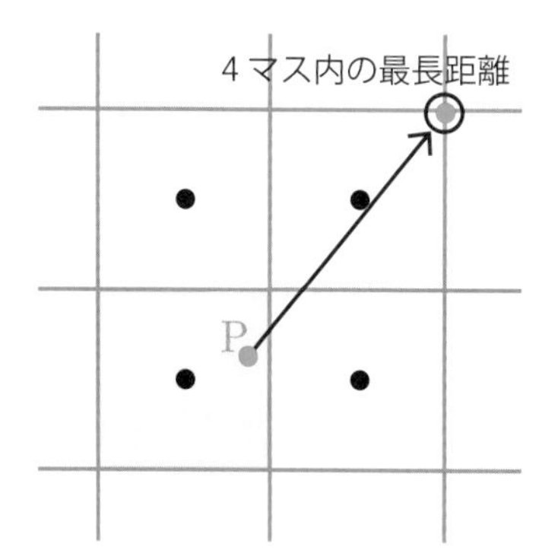

図 6.11：第 4 近傍距離の上限

第 1〜4 近傍点を見つけるには，2 つ隣のマスまでを探索すれば十分です．第 1 近傍点を探索したように，第 4 近傍距離の上限値を初期値とした 4 次元ベクトル `dist4` を順に更新し，近傍距離を求めましょう．特徴点との距離を計算したら，`dist4` との値と比較し，値が小ければ `dist4` の値と取り換えて並び替えます．

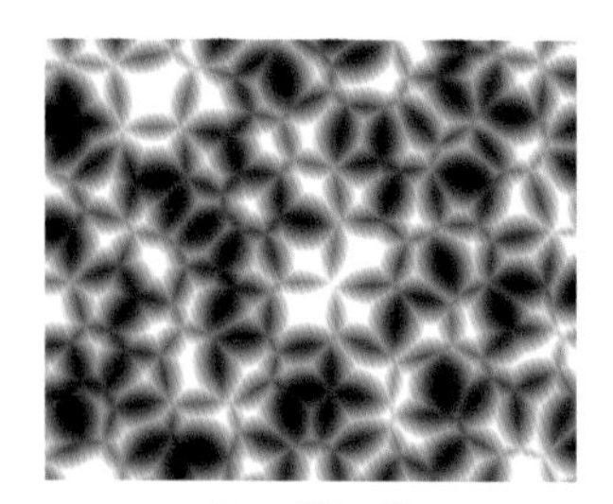

第 2 近傍距離

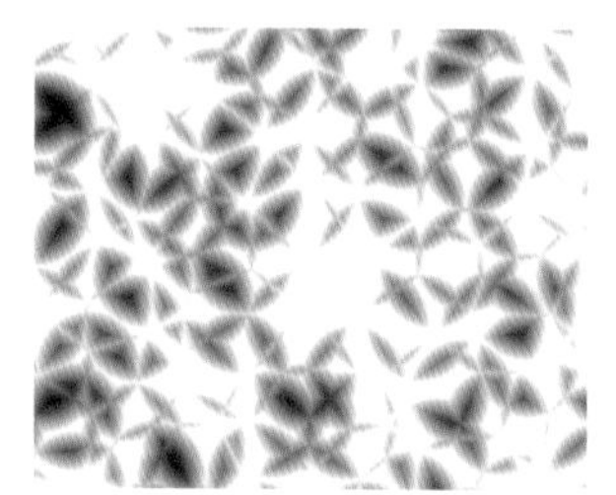

第 3 近傍距離

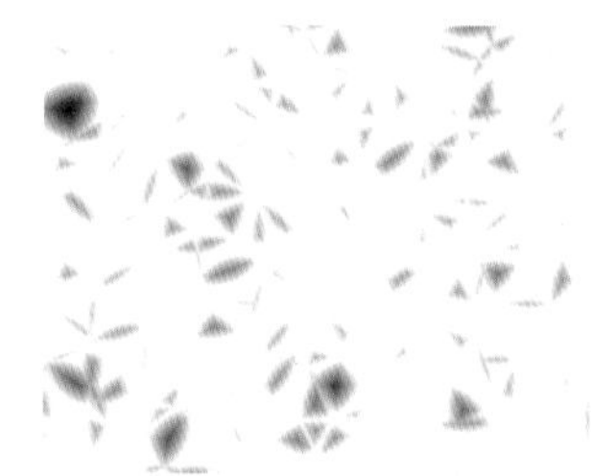

第 4 近傍距離

図 6.12：下位の近傍距離（6_4_fdist4）

特徴点の近傍

近傍距離の意味は階段関数で二値化してみるとよく分かります．しきい値をとって F_1, F_2, F_3, F_4 の値を二値化してみましょう．

コード 6.5：近傍距離の RGB への割り当て（6_5_fdist4RGB）

```
1  float thr = 0.7;// しきい値
2  bvec4 dist4b = bvec4(step(thr, fdist24(pos)));// しきい値を上回るとき真となる真偽値ベクトル
3  fragColor = dist4b.x ? vec4(1,1,1,1):// しきい値 <F1 のとき白
4      dist4b.y ? vec4(1,0,0,1)://F1< しきい値 <F2 のとき赤
5      dist4b.z ? vec4(0,1,0,1)://F2< しきい値 <F3 のとき緑
6      dist4b.w ? vec4(0,0,1,1)://F3< しきい値 <F4 のとき青
7      vec4(0,0,0,1);//F4< しきい値のとき黒
```

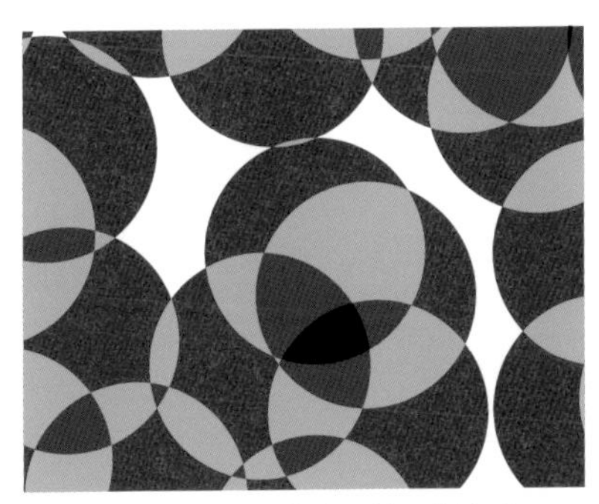

図 6.13： F_1, F_2, F_3, F_4 の二値化と塗り分け（6_5_fdist4RGB）

図 6.13 を見ると，F_1, F_2, F_3, F_4 の値のしきい値処理が円盤の重なり方と対応しています．実際，円盤に重ならない部分は白，円盤が 1 枚重なる部分は赤，2 枚重なる部分は緑，3 枚重なる部分は青，4 枚重なる部分は黒です．つまり多くの円盤が重なっている部分は，その分多くの F_i の値が小さくなります．この円盤は**特徴点からの距離がしきい値以内の領域**を表していますが，このようなある点から一定距離以内にある領域を**近傍**と呼びます．

胞体ノイズ

値ノイズと勾配ノイズはサーフレットをもとにしてつくりましたが，胞体ノイズは $F_1, \ldots, F_n$ をもとにノイズをつくります．ここでは $F_1, \ldots, F_n$ に重み $a_1, \ldots, a_n$ を付けて総和 $a_1F_1 + \cdots + a_nF_n$ の絶対値をとってみましょう．重みを変えることで，様々なテクスチャがあらわれます．

コード 6.6：胞体ノイズ（6_6_cnoise）

```
1  vec4 wt;// 重み(main 関数で値を代入)
2  float cnoise21(vec2 p){//2 変数胞体ノイズ
3      return abs(dot(wt, fdist24(p)));
4  }
5  float cnoise31(vec3 p){//3 変数胞体ノイズ
6      return abs(dot(wt, fdist34(p)));
7  }
```

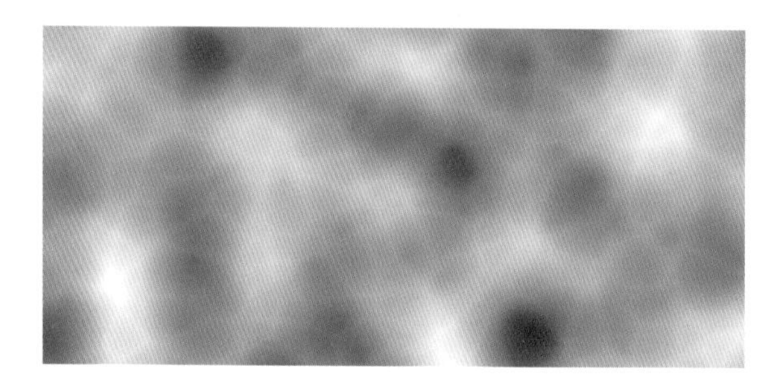

$\mathbf{w} = (0.2, 0.2, 0.2, 0.2)$

$\mathbf{w} = (0.5, -1.0, 1.4, -0.1)$

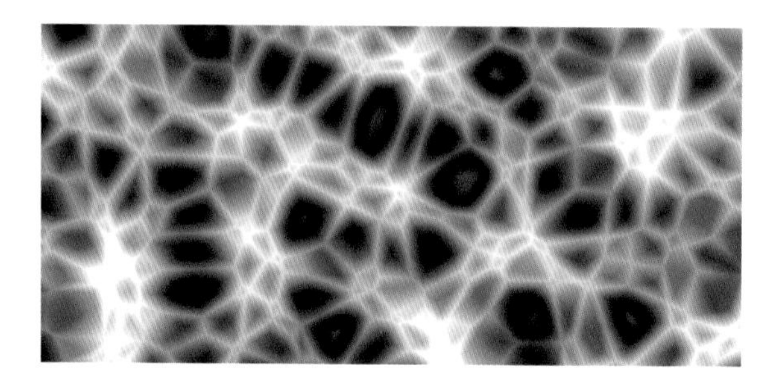

$\mathbf{w} = (-0.3, -0.5, -1.2, 1.0)$

図 6.14：重み $\mathbf{w}$ の胞体ノイズ（6_6_cnoise）

Recursive Cellular Noise
対称性と再帰性を組み合わせて平面を折りたたみ（第 7 章），胞体ノイズ（第 6 章）を描画している．

第7章 距離とSDF

距離は「近さ」を表す数値であると同時に，かたちの輪郭線を検出するセンサーでもあります．物体との距離を測る距離計があったとしましょう．計測位置が物体に接触しているとき，その物体との距離は0です．つまり，**距離0の点の集まりが物体の表面を形成**しています．この章で学ぶSDFは，幾何学的形状との距離を測るための数学的な距離計です．SDFによって様々な形状を操作することができます．SDFはとくに3Dレンダリングで力を発揮しますが（詳しくは次章で扱います），この章ではその基本となる2次元でのSDFと距離の考え方を学びます．

7.1 2次元SDF

胞体ノイズでは近傍点との距離を返す関数を考えましたが，これを一般化し，近くの「点」ではなく「図形」との距離を返す関数を考えてみましょう．そのため，ここでは図形との**負の値もありうる距離**を返す関数を導入します．これが**SDF**（Signed Distance Function，符号付き距離関数）です．

では「負の距離」とはどういったものでしょうか．日常生活で「私とあなたの距離は10 cm」ということはあっても，「私とあなたの距離は $-10\,\mathrm{cm}$」と表現することはありません．あえてこれを想像すると，距離が小さくなることによってどんどん近づいていき，距離0で接触するので，距離が負の値の場合は「めり込んで内側に入ってしまっている」ような状況になるでしょう．このような「内側に関する情報」がSDFの値の正負に関係しています．

円のSDF

点から点への距離は通常「点と点を結ぶ線分の長さ」で計測します．点と同様に「内側」のない直線や曲線に対しても，高校の数学で習ったように，最短距離を与える点によって距離を測ります．

一方，円には「内側」があります．この場合について符号付き距離を考えてみましょう．円は中心点 C と半径 r から決まりますが，C からの距離が r より小さければ円の「内部」，r より大きければ円の「外部」，円周はその「境界」です．平面上の点 P に対し，P と円周の距離は (PC の長さ $-r$) の絶対値となることが分かります（図 7.1)．この絶対値を外せば，円の外部では値は正，内部では値が負になりますが，これが円の SDF を定めます．

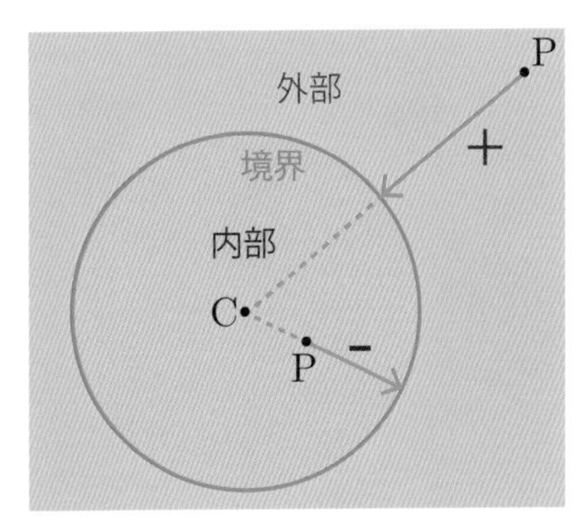

図 7.1：円の SDF

SDF の等高線をとると図形の輪郭が描かれますが，SDF の特徴は，**等間隔に値をとると，その値の等高線も等間隔にあらわれる**ことです．例えば $f(x, y) = (x^2 + y^2)^d - 1$ とし，間隔 a ごとに $f(x, y) = 0, \pm a, \pm 2a, \ldots$ を満たす等高線を描いてみましょう．$d = 0.5$ のとき，等高線は等間隔にあらわれますが，そうでない場合は等間隔ではありません（図 7.2)．つまり $d = 0.5$ 以外の場合，f は SDF ではありません．

$d = 0.5$
（等高線が等間隔= SDF）

$d = 1.0$
（等高線が等間隔ではない= SDF ではない）

図 7.2：$(x^2 + y^2)^d - 1$ の等高線（7_0_circle）

コード 7.1：等高線の描画（7_0_circle）

```
float circle(vec2 p, vec2 c, float r){
    float d = 0.5 + u_mouse.x / u_resolution.x;// マウスの x 座標に合わせて指数を動かす
    return pow(dot(p - c, p - c), d) - r;
}
vec3 contour(float v, float interval){// 等高線の描画
    return abs(v) < 0.01 ? vec3(0.0)://0 等高線を黒で描画
    mod(v, interval) < 0.01 ? vec3(1.0):// 等間隔の値の等高線を白で描画
    mix(vec3(0,0,1), vec3(1,0,0), atan(v) / PI + 0.5);// 等高線以外は赤と青の中間色で値を表す
}
void main(){
    vec2 pos = (2.0 * gl_FragCoord.xy -u_resolution.xy)/ min(u_resolution.x, u_resolution.y);// ビューポートの中心を原点としてスケール
    float interval = 0.3;// 等高線を描く値の間隔
    fragColor.rgb = vec3(contour(circle(pos, vec2(0.0), 1.0), interval));// 等高線を描画
    fragColor.a = 1.0;
}
```

矩形の SDF

一般に内部と境界を持つような図形の SDF の値は，点 P に対して，次のように定めます．

$$\mathrm{SDF}(\mathrm{P}) = \begin{cases} \text{P から境界までの距離} & \text{(P が外部にある場合)} \\ (-1) \times \text{(P から境界までの距離)} & \text{(P が内部にある場合)} \end{cases}$$

円の SDF はシンプルな式で表すことができましたが，**単純な図形であっても SDF が常にシンプルで分かりやすい式で書けるとは限りません．**例えば矩形の SDF は次のように与えられます．

コード 7.2：矩形の SDF（7_1_rectSDF）

```
float rect(vec2 p, vec2 c, vec2 d){//c を中心とした，c+d を頂点とする矩形の SDF
    p = abs(p - c);
    return length(max(p - d, vec2(0.0))) + min(max(p.x - d.x, p.y - d.y), 0.0);
}
```

この式自体は難しくはありませんが，何がどうなって矩形の SDF を定めているのかは自明ではありません．この SDF について考えてみましょう．

折りたたみ

まずコード 7.2 の 2 行目では，abs 関数によって絶対値をとっています．このとき x 座標の絶対値をとることは，座標平面で考えると，y 軸を中心に線対称で点を移動することと見な

せます．さらに y 座標の絶対値をとることは，x 軸を中心に座標平面を線対称で点を移動することと同じです．つまり，xy 座標それぞれの絶対値をとることは，点を x 軸を中心に線対称で写し，さらに y 座標を中心に線対称で写して，第1象限に移動させることと同じです（図7.3）．これは，平面全体を大きな折り紙だと見立てれば，x 軸を中心に折りたたみ，さらに y 軸を中心に折りたたんでいることに他なりません．こういった手法は**折りたたみ**と呼ばれています．

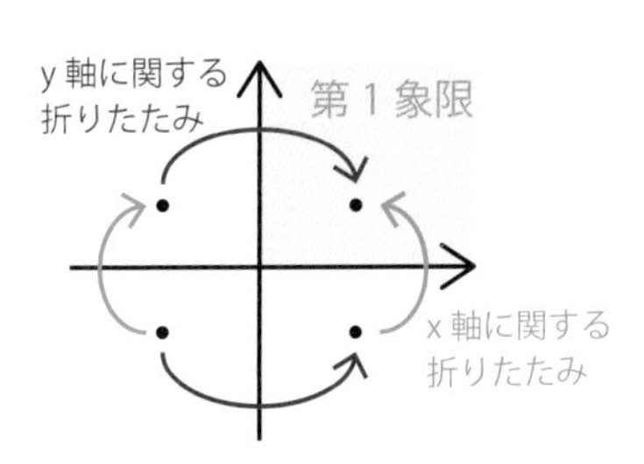

図 7.3：絶対値を使った折りたたみ

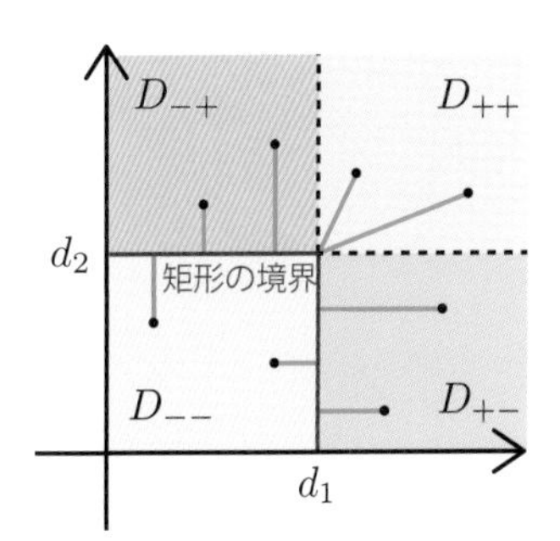

図 7.4：折りたたまれた矩形の境界への距離

境界への距離

矩形の中心を原点に写し，座標 $(\pm d_1, \pm d_2)$ を頂点とする矩形を考えましょう．絶対値をとって平面全体を第1象限に折りたためば，矩形は $(d_1, 0), (d_1, d_2), (0, d_2), (0, 0)$ を頂点とした矩形に折りたたまれます．このとき，直線 $x = d_1$ と直線 $y = d_2$ を境界として，図7.4のように第1象限を $D_{--}, D_{+-}, D_{-+}, D_{++}$ の4つの部分領域に分け，それぞれの領域で矩形の境界への最短距離を考えてみましょう．D_{+-} では x 軸方向，D_{-+} では y 軸方向の直線距離が最短となります．また D_{++} では頂点 (d_1, d_2) への直線距離が最短です．D_{--} では x 軸方向の直線距離，y 軸方向の直線距離の小さい方が境界への最短距離を与えます．

外部に対するSDFの値

4つに分割した領域のうち，D_{+-}, D_{-+}, D_{++} は矩形の外部です．これらの領域ではコード7.2の3行目 `min(max(p.x - d.x, p.y - d.y), 0.0)` の値は0なので，`length(max(p - d, vec2(0.0)))` がSDFの値です．ここで `length(max(p - d, vec2(0.0)))` の値は，D_{++} では `length(p - d)`，D_{+-} では `p.x - d.x`，D_{-+} では `p.y - d.y` と等しくなるため，境界への距離を与えていることが分かります．

内部に対するSDFの値

矩形の内部である領域 D_{--} に対しては，コード7.2の3行目 `length(max(p - d, vec2(0.0)))` の値は0であるので，`min(max(p.x - d.x, p.y - d.y), 0.0)` の値がSDFの値です．実際，`p.x - d.x` と `p.y - d.y` はどちらも負の数値であり，その大きい方の値は境界への最短距離であるので，SDFの定義を満たします．

SDF の等高線

矩形の SDF の等高線を見ると，矩形の外部の等高線は角が丸くなっています．この**丸みが矩形の SDF の重要なポイント**です．実際，図 7.4 の D_{++} では頂点への距離が SDF の値となるので，その等高線は丸くなる必要があります．SDF を max(p.x - d.x, p.y - d.y) に置き換えても値 0 の等高線は矩形となりますが，矩形の外部で等高線の角が丸くならないので（図 7.9 右），これは正しい SDF ではありません．しかしながら，次節で見るように，実は SDF の等高線は「距離」の取り方に依存しています．

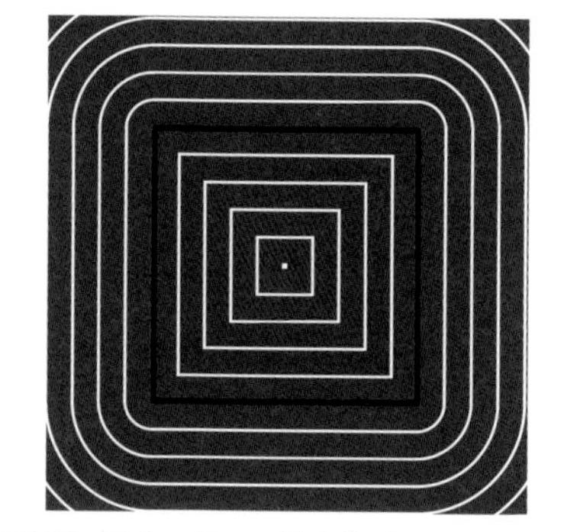

図 7.5：矩形の SDF の等高線（7_1_rectSDF）

NOTE 9［**ポリゴンによる形状表現との違い**］ ポリゴン（多角形）は数個の頂点をつなぐことで得られます．CG では形状をポリゴンを使って表す方法がよく使われていますが，SDF による形状の表現はこれとは根本的に異なります．矩形の場合は，SDF でややこしい式をつくるよりも，頂点をつないでポリゴンとして描画する方が圧倒的に簡単です．例えば Processing では，quad 関数を使って頂点を指定すれば，簡単に矩形を描画できます．

形状表現としての SDF の強みは何かというと，1 つは高次元への拡張性です．矩形の 3 次元版である箱をポリゴンで表現しようとすると，8 つの頂点を指定し，頂点のつながり方を指定する必要がありますが，SDF を使えば定義式の vec2 を vec3 にするだけで，簡単に箱の SDF を定義できます．さらにポリゴンでは面倒な滑らかな形状変形も，SDF では式の変形で簡単に行うことができます．

7.2 物差しを変える

「2 点をつないだ線分の長さ」は「点と点の距離」を測る唯一の正しい基準とは限りません．例えば京都やマンハッタンのような碁盤の目状の街では，2 地点を常にまっすぐ移動できるわけではなく，ジグザグに道路を迂回しなければなりません．この場合，ジグザグに進んだ走行距離が 2 点間の距離と考えられます．また将棋で王将は前後左右斜めのすべての方向に 1 マス進むことができますが，1 ターンで進める距離はすべて同じ距離だとすると，前も斜めも等距離だと考えられます．このように距離の測り方を変えることによって，胞体ノイズや SDF のグラフィックスは変化します．

距離とは何か

まず距離とは何かということについて，根本に立ち戻って考えてみましょう．京都の距離や将棋盤での王将の距離など，「距離」は考えている世界のルールによって変わりうるものです．それでは逆に「距離」の満たすべき条件とはなにか考えてみましょう．次のような性質は距離の持つべき性質として，妥当なものだと思われます．

(1) 2点間の距離として1つの数値が定まり，それは負の値にはならない．
(2) 2点が同じ点ならば，その間の距離は0である．逆に2点の距離が0ならば，その2点は同じ点である．
(3) 2点間の距離は行きと帰りで距離は変わらない．
(4) 寄り道した場合としなかった場合では，寄り道した方が必ず総距離は長い．

もちろん高校までの幾何学で考えるような距離（これを**ユークリッド距離**と呼びます）は上の条件を満たします．京都の街を模式的に図7.7のような格子で考えてみましょう．ユークリッド距離における最短経路は図7.6のように常に1通り（点と点をつなぐ線分）ですが，京都の移動方法では目的地への行き方は1通りとは限りません．しかし，遠回りしない限り走行距離はすべて同じです．また（一方通行がないものとすれば）往路と復路の距離も同じであり，寄り道した方が距離は長くなります．よって京都の距離は上の条件を満たします．これを**京都距離**と呼ぶことにしましょう（マンハッタン距離とも呼ばれます）．

将棋の王将の距離は，目的地まで縦方向に n マス，横方向に m マス離れているとすると，$\max(n, m)$ のターンで目的地に到達することができます．よって図7.8のように，縦方向，または横方向への直進距離によって距離を測れます．この距離も上の性質を満たすので，これを**将棋距離**と呼ぶことにしましょう（チェス盤距離，チェビシェフ距離とも呼ばれます）．

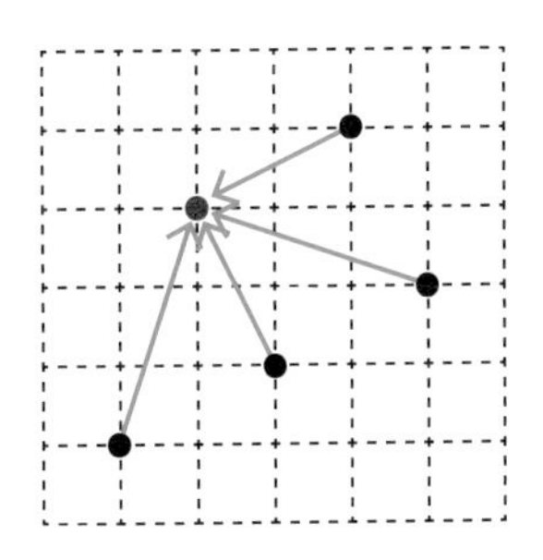

図7.6：ユークリッド距離

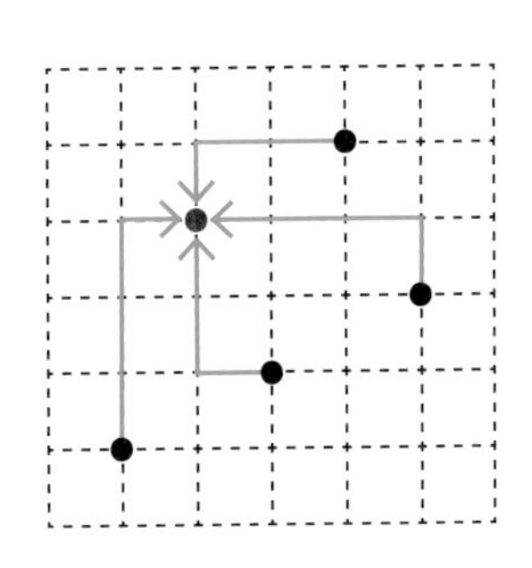

図7.7：京都距離

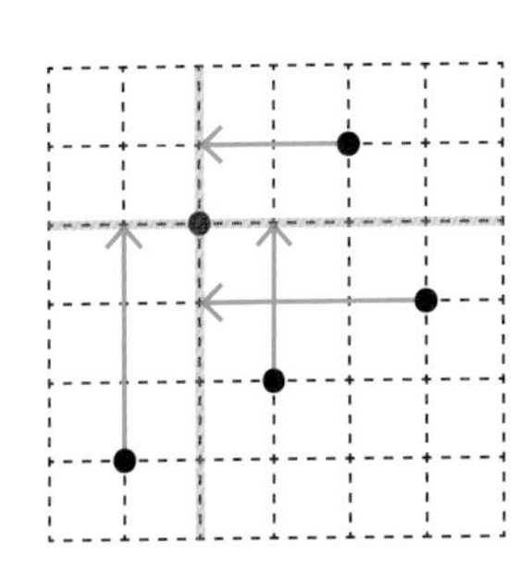

図7.8：将棋距離

距離と近傍

上で考えた距離についての性質を抽象化し，数学の言葉で翻訳してみましょう．点 $\mathrm{A}, \mathrm{B}, \mathrm{C}$ に対して，次の条件を満たす 2 変数関数 d を距離と定義します．

(1) $d(\mathrm{A}, \mathrm{B}) \geqq 0$
(2) $d(\mathrm{A}, \mathrm{B}) = 0 \Leftrightarrow \mathrm{A} = \mathrm{B}$
(3) $d(\mathrm{A}, \mathrm{B}) = d(\mathrm{B}, \mathrm{A})$
(4) $d(\mathrm{A}, \mathrm{B}) + d(\mathrm{B}, \mathrm{C}) \geqq d(\mathrm{A}, \mathrm{C})$（三角不等式）

点 $\mathrm{A}(a_0, a_1), \mathrm{B}(b_0, b_1)$ に対し，京都距離 $d_{京}$，将棋距離 $d_{将}$ は次のように定まります．

$$d_{京}(\mathrm{A}, \mathrm{B}) = |a_0 - b_0| + |a_1 - b_1|, \quad d_{将}(\mathrm{A}, \mathrm{B}) = \max(|a_0 - b_0|, |a_1 - b_1|)$$

距離が変われば，その「近さ」も変わります．円の SDF はユークリッド距離における中心点からの近傍を定めましたが，これを京都距離や将棋距離で考えると近傍の形状はどうなるか見てみましょう．

コード 7.3：異なる距離における近傍（7_2_varyDist）

```
1  float length2(vec2 p){
2      float t = mod(u_time, 3.0);
3      p = abs(p);
4      return t < 1.0 ? length(p)://ユークリッド距離
5          t < 2.0 ? dot(p, vec2(1.0))://京都距離
6          max(p.x, p.y);//将棋距離
7  }
8  float circle(vec2 p, vec2 c, float r){
9      return length2(p - c) - r;//c の近傍
10 }
```

ユークリッド距離では円形であった等高線が，将棋距離では正方形，京都距離では斜めに倒した正方形になることが分かります（図 7.9）．さらにこの距離を使ってコード 6.3 のボロノイ分割におけるユークリッド距離での長さ `length` をコード 7.3 のように `length2` へ書き換えれば，ボロノイ胞体の境界線も変わります．

京都距離　　　　将棋距離

図 7.9：距離を変えた等高線（7_2_varyDist）

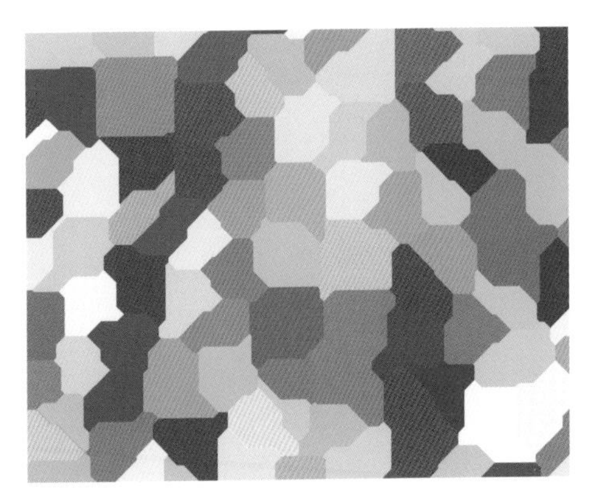

京都距離　　　　将棋距離

図 7.10：距離を変えたボロノイ分割（7_3_varyVoronoi）

問題 7.1　点 $\mathrm{X}(x_0, x_1), \mathrm{Y}(y_0, y_1)$ に対して，$d(\mathrm{X}, \mathrm{Y}) = x_0 - y_0 + x_1 - y_1$ で定めた関数は距離の条件を満たすか？

L^p ノルム

距離は2点間の「長さ」によって決まりますが，「距離を変える」ことは「長さを測る物差しを変える」ことに他なりません．ユークリッド距離で使う物差しはまっすぐに伸びた定規ですが，京都距離では階段状にガタガタとした定規，将棋距離は縦か横方向しか測れない定規を物差しとした距離です．物差しを変形することで，新しい距離をつくってみましょう．

数学では長さを拡張した概念として**ノルム**と呼ばれるものがあります．ノルムはベクトルに対して決まる数値で，ベクトル $\mathbf{a}$ のノルムを $\|\mathbf{a}\|$ と書きます．ベクトル $\mathbf{a}, \mathbf{b}, \mathbf{c}$ とスカラー値 a に対し，次の条件を満たす $\|\bullet\|$ がノルムです．

(1) $\|\mathbf{a}\| \geqq 0$ かつ $\|\mathbf{a}\| = 0 \Leftrightarrow \mathbf{a} = \mathbf{0}$
(2) $\|a\mathbf{a}\| = |a|\|\mathbf{a}\|$
(3) $\|\mathbf{a} + \mathbf{b}\| \leqq \|\mathbf{a}\| + \|\mathbf{b}\|$

距離 d と点 $\mathrm{A}(\mathbf{a}), \mathrm{B}(\mathbf{b})$ に対し，$\|\mathbf{a} - \mathbf{b}\| = d(\mathrm{A}, \mathrm{B})$ とすれば，ユークリッド距離，京都距離，将棋距離はノルムを定めます．逆にノルムが与えられたとき，このようにして d を定めれば，ノルムから距離を定義することができます．いま $p \geqq 1, \mathbf{a} = (a_0, a_1)$ に対して

$$||\mathbf{a}||_p = (|a_0|^p + |a_1|^p)^{\frac{1}{p}}$$

を定義しましょう．これはノルムの条件を満たすことが知られており[*1]，L^p ノルムと呼ばれています．L^p ノルムの距離を使って等高線をつくってみましょう．

コード7.4： L^p ノルム（7_4_lp）

```
1  float length2(vec2 p){
2      p = abs(p);
3      float d = 4.0 * sin(0.5 * u_time) + 5.0;
4      return pow(pow(p.x, d) + pow(p.y, d), 1.0 / d);
5  }
```

*1　とくにノルムの条件（3）の不等式はミンコフスキーの不等式と呼ばれています．

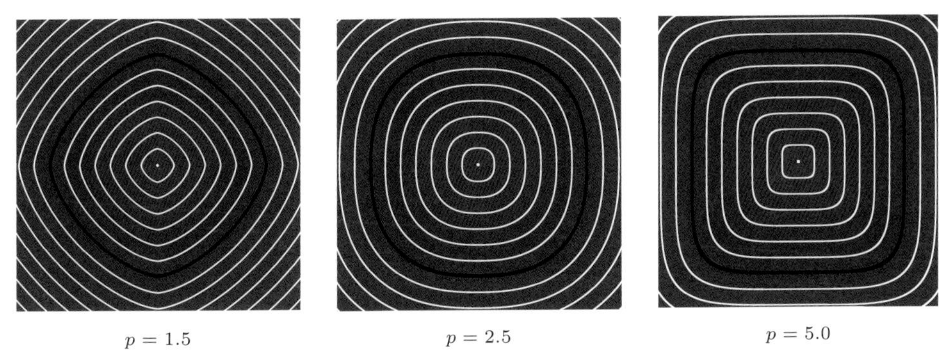

$p = 1.5$　　$p = 2.5$　　$p = 5.0$

図 7.11： L^p ノルムを使った距離での近傍の形状（7_4_lp）

L^p ノルムは $p = 1$ のとき京都距離，$p = 2$ のときユークリッド距離を定めます．よって近傍の形状は p が 1 から 2 に動くとダイヤ型から円形に変形し，さらに p が大きくなるにつれて丸みを帯びた正方形に近づきます．実はこの p を限りなく大きくした極限が将棋距離です．L^p ノルムを使った距離でボロノイ分割をつくれば，丸みを帯びたボロノイ分割が得られます．

$p = 3.5$　　$p = 5.0$

図 7.12： L^p ノルムを使った距離でのボロノイ分割（7_5_lpVoronoi）

問題 7.2　L^p ノルムから定まる距離を d_p とすれば，$d_p \overset{p\to\infty}{\to} d_{将}$ となることを示せ．

Periodic Dodecahedron
3方向へ反復(第9章)させた正十二面体のSDFをつくり，レイマーチング（第8章）して3Dレンダリングしている．

第8章 3D レンダリング

3D グラフィックスはイリュージョンです．ディスプレイ上に表示されたグラフィックスは平面的な絵にすぎませんが，これに陰影を付けることによって，それが立体物であるかのように錯覚させることができます．3 次元の立体物を画像で表すための描画技法が 3D レンダリングです．これは現実世界での写真撮影に模した手法でレンダリングされます．カメラで立体物を撮影するとき，私たちはまず被写体を配置し，光を当て，カメラのシャッターを切りますが，3D グラフィックスはこれをすべてコンピュータ上で仮想的に行います．3D レンダリングの道は奥が深く，ハリウッド映画で使われるような本物と見紛う CG 映像も，過去の膨大なレンダリング技術の集積から成り立っています．この章ではフラグメントシェーダによって，3D レンダリングを実行するための最小限の基本的技術について学びます．

8.1 天地創造

3D グラフィックス作成は，まずその形状データをつくるところ（**モデリング**）からはじめます．光の当て方と反射に関する情報や表面の質感に関する情報を 3D 形状に付与して，それを 3D レンダリングします．この本では**モデリングからレンダリングまでをすべてフラグメントシェーダプログラミングによって実行**します．

NOTE 10［**メッシュを使った 3D グラフィックスとの違い**］ 本書で扱う 3D グラフィックスの手法は，通常よく使われるメッシュを使った方法とは根本的に異なっていることに注意しましょう．一般的な 3D CAD ソフトウェアでは，3D グラフィックス用のデータを読み込み，それがビューポートにレンダリングされます．このデータとしてよく使われるのがメッシュです．メッシュとは形状をポリゴン（NOTE 9 参照）の集まりで表現したもので，メッシュデータにはその頂点・辺・面のつながり方に関する情報が含まれています（90 年代初頭のゲーム「バーチャファイター」を思い浮かべましょう）．メッシュのレンダリングは，パイプライン上のいくつかのシェーダでの流れ作業を経て行います．このときフラグメントシェーダはピクセルに色をつけるための一部の役割を担うに過ぎず，モデリングとレンダリングはCPUとGPUの段階別シェーダで分担して作業します．

レイキャスティング

3Dと2Dの根本的な違いは**視点の存在**です．2Dグラフィックスでは「絵」そのものをつくるため，それをどこから見るかということについては問題になりません．一方，3Dグラフィックスは「立体物」そのものをつくるのではなく，「立体物の写真」をつくります．写真撮影では，被写体を置いてシャッターを切る前に，まずカメラの配置位置やレンズの方向，焦点距離や画角を決めなくてはなりません．同様に，3Dグラフィックスでもまずカメラの設定をする必要があります．

座標空間とカメラ

カメラの設定は座標空間で行います．座標空間には xyz の3つの軸がありますが，この方向と順序の関係は**右手系・左手系**と呼ばれる2通りの取り方があります．親指，人差し指，中指をそれぞれ向きが直交するように広げ，親指の指す向きを x 軸，人差し指の指す向きを y 軸，中指の指す方向を z 軸としましょう．すると，左手と右手ではその関係性が異なります．ためしに，親指をアナログ時計の短針，人差し指を長針とし，3時ちょうどを指でつくってみましょう．このとき，左手では中指が奥に向かう方向を指しますが，右手では逆に手前に向かう方向を指します．前者が左手系で後者が右手系です．このどちらを採用するかは環境によって変わることに注意してください．通常，高校で学ぶ数学の教科書では右手系が使われますが，CGでは左手系も多く使われています．もしも左右の系が統一されていなければ，被写体を手前にずらしたつもりが奥にずれる，といったことも起こりえます．OpenGLでは右手系が採用されているため，この本でも**右手系を採用します**．

3Dレンダリングではカメラを点と見なし，その点を基準として撮影（グラフィックス生成）を行います．カメラを座標空間の原点に置くこととしましょう[*1]．次にカメラの向きを設定します．カメラの向きは，どの方向に向けて撮影するか，さらにどの方向が上方向かを決める必要があります．フラグメント座標は，ビューポートの右方向を x 軸，上方向を y 軸としているため，これに合わせて図8.1のように撮影する方向を z 軸の逆向き，上方向を y 軸としましょう．これらの位置と方向をベクトルで指定します．

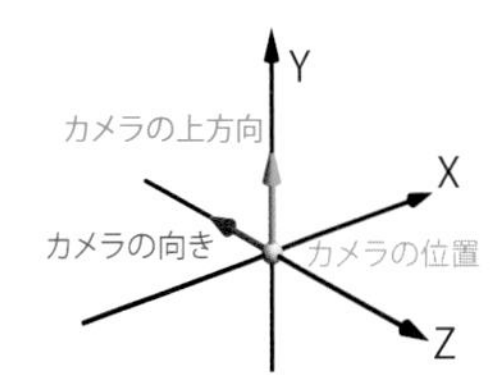

図8.1：右手系座標空間とカメラ設定

＊1　3Dグラフィックスでは，カメラ座標，モデル座標など様々な局所座標を使いますが，ここでは簡単のためワールド座標のみを使います．

コード 8.1：カメラの設定（8_0_silhouette）

```
1  vec3 cPos = vec3(0.0, 0.0, 0.0);// 配置位置
2  vec3 cDir = vec3(0.0, 0.0, -1.0);// 撮影する方向
3  vec3 cUp = vec3(0.0, 1.0, 0.0);// カメラの上方向
```

カメラとスクリーン

被写体となる対象物をオブジェクト，描画対象全体をシーンと呼びます．ここでは**レイキャスティング**と呼ばれる手法を使って，シーンをレンダリングします．映画館ではスクリーンに向かってプロジェクターから映像を投影しますが，レイキャスティングはこれに似た手法で光の情報を収集します．カメラの前に仮想的なスクリーンがあるとしましょう．このスクリーンを格子状に分割し，それぞれのマス目に向かってカメラから**レイ**（半直線）を飛ばします．レイがスクリーンのマス目を突き抜けて進んだとき，もしも何かのオブジェクトとぶつかるならば，そのぶつかった地点での光の情報をマス目に反映させます*2．一方，どこにもぶつからないならば光は見えない，つまり黒く塗ります．その結果，スクリーンに描かれるシーンをビューポートに表示します．これがレイキャスティングの基本的なレンダリングプロセスです．

まずスクリーンを座標空間内に配置してみましょう．カメラから1進んだ位置をスクリーンの中心とし，スクリーンの横方向が x 軸，縦方向が y 軸となるように配置します．するとカメラとスクリーンの関係は図 8.2 のようになります．ここでスクリーンをビューポート解像度で分割してマス目をつくり，マス目に向かうレイの方向ベクトルを取得します．

コード 8.2：カメラから飛ばすレイの設定（8_0_silhouette）

```
1  vec2 p = (gl_FragCoord.xy * 2.0 - u_resolution) / min(u_resolution.x, u_
   resolution.y);// 中心が原点，短辺が [-1,1] 区間となるようにフラグメント座標を正規化
2  ...
3  vec3 cSide = cross(cDir, cUp);// クロス積（cDir と cUp は正規直交）
4  float targetDepth = 1.0;// スクリーンまでの距離
5  vec3 ray = cSide * p.x + cUp * p.y + cDir * targetDepth;// カメラからスクリーン
   のマス目へ向かうベクトル
```

*2　レイが当たった地点からさらに反射をたどり，光源までのレイの行方を追跡してレンダリングする方法をレイトレーシングと呼びます．写真のようなリアルな CG は精密なレイトレーシングによって実現されます．

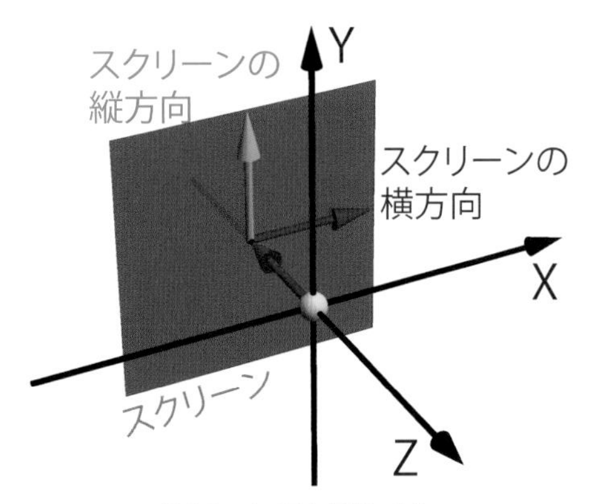

図 8.2：カメラと仮想スクリーン

3 行目ではスクリーンの横方向を求めるために，クロス積（外積）が使われていることに注意してください．クロス積は 3 次元ベクトル $\mathbf{x} = (x_1, x_2, x_3), \mathbf{y} = (y_1, y_2, y_3)$ から決まる次の 3 次元ベクトルです．

$$\mathbf{x} \times \mathbf{y} = (x_2y_3 - x_3y_2, x_3y_1 - x_1y_3, x_1y_2 - x_2y_1)$$

いまカメラの向きを $\mathbf{x} = (0, 0, -1)$，カメラの上方向を $\mathbf{y} = (0, 1, 0)$ とすると，クロス積によって撮影する向きに対する水平方向 $(1, 0, 0)$ が得られます．これは右手の親指を $\mathbf{x}$，人差し指を $\mathbf{y}$ としたときの中指に当たる方向です．一般に $\mathbf{x}$ と $\mathbf{y}$ が直交する場合，$\mathbf{x} \times \mathbf{y}$ は $\mathbf{x}$ と $\mathbf{y}$ に直交し，$\mathbf{x}, \mathbf{y}, \mathbf{x} \times \mathbf{y}$ はそれぞれ右手の親指，人差し指，中指に対応します．クロス積を使うことにより，コード 8.1 の cDir と cUp を直交関係を保ったまま動かしても，スクリーンの水平方向は自動的に決まります．

問題 8.1 3 次元ベクトル $\mathbf{x}, \mathbf{y}$ に対し，次が成り立つことを計算して確かめよ．

(1) $\mathbf{x} \times \mathbf{y} = -\mathbf{y} \times \mathbf{x}$

(2) $\mathbf{x} \cdot (\mathbf{x} \times \mathbf{y}) = \mathbf{y} \cdot (\mathbf{x} \times \mathbf{y}) = 0$

交差判定

カメラから飛ばしたレイがオブジェクトに当たるかどうか判定することを**交差判定**と呼びます．単純にレイがオブジェクトに当たれば白，当たらなければ黒としてスクリーンのマス目を塗れば，オブジェクトの形状シルエットを浮かび上がらせることができます．ここではオブジェクトとして「地面」だけからなるシーンをつくります．カメラの上方向が y 軸なので，zx 平面が上方向に対する地面となります．このような「地面に対する上方向のベクトル」は，**法線**と呼ばれており，法線とレイのなす角から交差判定します．

コード 8.3：地面との交差判定（8_0_silhouette）

```
1  vec3 groundNormal = vec3(0.0, 1.0, 0.0);// 地面の法線
2  if (dot(ray, groundNormal) < 0.0){// レイと法線のなす角度が 90 度より大きい場合交
   差する
3          fragColor.rgb = vec3(1.0);
4  } else {//90 度以下の場合交差しない
5          fragColor.rgb = vec3(0.0);
6  }
```

この地面は完全に真っ平なので，もしレイが少しでも下向きならば，必ずどこかで地面に当たります．一方，レイが地面と平行，もしくは少しでも上向きならば，そのレイは地面と当たることは決してあり得ません．よって交差判定はレイと地面の法線のなす角，つまりレイと法線との内積の値から決まります．つまり 2 行目のように dot(ray, groundNormal) の正負によって，交差するかどうかが決まります．

テクスチャマッピング

シルエットだけでは，まだ 3D グラフィックスとは言えません．真っ白の地面は現実には存在せず，地面には道があり，木が生えています．手前にあるものは大きく，奥にあるものは小さい，という遠近法によって私たちは奥行きを認識します．地面にテクスチャを貼って，その遠近法から奥行きをつくってみましょう．ここでは市松模様をテクスチャとして，地面にマッピングします．

コード 8.4：市松模様テクスチャ（8_1_texMapping）

```
1  float text(vec2 st){
2      return mod(floor(st.s) + floor(st.t), 2.0);
3  }
```

マウスの位置によって，カメラの位置と向きを動かせるようにしてみましょう．レイと地面の交点を計算し，交点での zx 座標をテクスチャ座標に対応させてマッピングします．

コード 8.5：テクスチャマッピング（8_1_texMapping）

```
1  void main(){
2      vec2 p = (gl_FragCoord.xy * 2.0 - u_resolution) / min(u_resolution.x, u_
       resolution.y);
3      vec3 cPos = vec3(0.0, 0.0, 0.0);
4      float t = -0.5 * PI * (u_mouse.y / u_resolution.y);// マウスポインタ y 座標
       を回転角に対応
5      vec3 cDir = rotX(vec3(0.0, 0.0, - 1.0), t);// カメラの向きを x 軸を中心に回転
6      vec3 cUp = rotX(vec3(0.0, 1.0, 0.0), t);// カメラの上方向を x 軸を中心に回転
```

```
7        vec3 cSide = cross(cDir, cUp);
8        float targetDepth = 1.0;
9        vec3 ray = cSide * p.x + cUp * p.y + cDir * targetDepth - cPos;
10       ray = normalize(ray);// レイを正規化
11       vec3 groundNormal = vec3(0.0, 1.0, 0.0);// 地面の法線
12       float groundHeight = 1.0 + (u_mouse.x / u_resolution.x);// マウスポインタ x
         座標をカメラと地面の距離に対応
13       if (dot(ray, groundNormal) < 0.0){// 交差判定
14           vec3 hit = cPos - ray * groundHeight / dot(ray, groundNormal);// レイ
             と地面の交点
15           fragColor.rgb = vec3(text(hit.zx));// 交点の zx 座標をテクスチャ座標に対応
16       } else {
17           fragColor.rgb = vec3(0.0);
18       }
19       fragColor.a = 1.0;
20   }
```

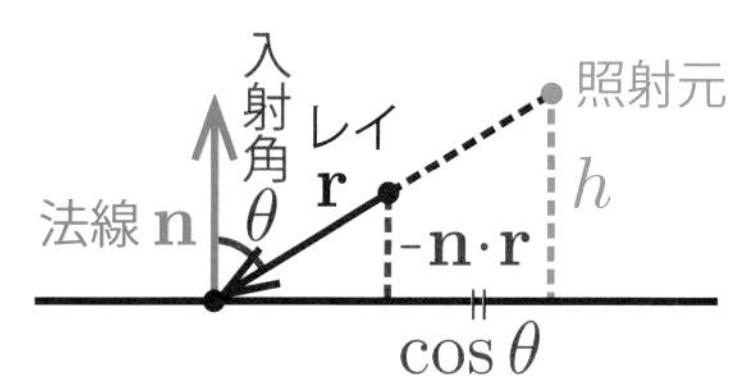

図 8.3：レイと法線と入射角

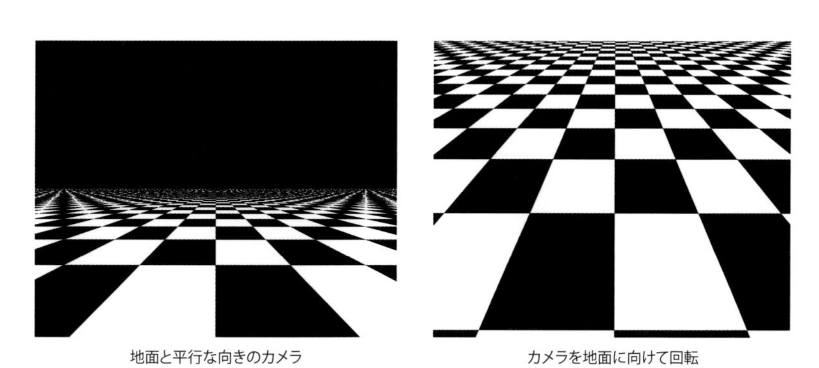

図 8.4：テクスチャマッピング（8_1_texMapping）

8_0_silhouetteでは「当たるか，当たらないか」だけを判定していましたが，ここではさらに「どこで当たるか」も計算します．この交点の位置は，カメラと地面の位置関係と**入射角**によって計算できます．入射角とはレイが交点に入り込む傾きを表す角のことです（図 8.3）．この入射角 θ は $0^\circ < \theta < 90^\circ$ であるので，$\cos\theta$ の値は 0 以上の値をとります．またレイ $\mathbf{r}$ と法線 $\mathbf{n}$ を長さ 1 に正規化すると，$\cos\theta = -\mathbf{r}\cdot\mathbf{n}$ が得られます．カメラから地面までの高さを h とすると，カメラから交点へ向かうベクトルは $\frac{h}{\cos\theta}\mathbf{r} = -\frac{h}{\mathbf{r}\cdot\mathbf{n}}\mathbf{r}$ で与えられます．よって 12 行目で地面からカメラまでの高さを与えれば，14 行目のように交点を計算できます．

ライティング

私たちの身の回りにある物は，電球や太陽などの光源から照射された光がその表面で反射し，私たちの目に飛び込むことで，その色を発しています．色の陰影や質感は，光源との位置関係と反射の仕方によって決まります．3D形状に仮想的に光を当てることを**ライティング**と呼びます．具体的には光源の位置や光の強さ，色を設定し，形状表面での反射光の強さを計算することで，それをレンダリングします[*3]．

ここでは**拡散光**と呼ばれる反射光を使って，8_1_texMappingの地面に光を当ててみましょう．拡散光は物質に当たった光が四方八方へ拡散して広がる光のことです．例えば石膏のようなマットな質感の物質は，鏡のように一方向へ強く反射せず，拡散光によって全方向的に反射します．光源から照射されたレイがオブジェクトの形状表面に当たったとき，その交点での拡散光がどれくらいの強さになるかは，レイの入射角のコサイン値に比例します[*4]．図8.3より，これはレイと法線の内積によって計算できます．入射角は0° 以上90° 未満の値を持ちますが，その値が小さいほど反射する光は強く，大きいほど弱くなります．

コード8.6：ライティング（8_2_lighting）

```
1  vec3 lPos = vec3(0.,0.,0.);// 点光源の位置
2  if (dot(ray, groundNormal) < 0.0){// 交差する場合
3      vec3 hit = cPos - ray * groundHeight / dot(ray, groundNormal);// 交点を計算
4      float diff = max(dot(normalize(lPos - hit), groundNormal), 0.0);// 拡散光
5      diff *= 0.5 + u_mouse.y/u_resolution.y;// マウスポインタy座標に合わせて拡
       散光の強さを変える
6      diff = pow(diff, 0.5 + u_mouse.x/u_resolution.x);// マウスポインタx座標に
       合わせて拡散光の減衰を変える
7      fragColor.rgb = vec3(diff * text(hit.zx));
8  } else {
9      ...
```

図8.5：ライティング（8_2_lighting）

＊3　ここで扱うライティングは，物理法則を簡易化したモデルです．忠実に物理法則に即したレンダリングは物理ベースレンダリング（PBR）と呼ばれます．

＊4　ランバートの余弦則（CG-ARTS『コンピュータグラフィックス』[1, 第4章3節]）

このレンダリングでは点光源と呼ばれる光源を使っています．点光源は懐中電灯のように1点から光を照らします．1行目で光源の位置を指定し，4行目で光源から交点へ向かうベクトルと法線との内積から拡散光を計算しています．拡散光はmax関数を使って0以上の値を取るようにしています（内積の値が負となるような場合，拡散光の光量は0です）．5行目では拡散光に定数をかけることで，光に強弱をつけています．また光の強さは光源から近いほど強く，遠いほど弱い性質を持ちますが，6行目では拡散光のべきをとることで，光の弱まり方（減衰）を変えています．

ノイズテクスチャ

8_2_lightingでは市松模様をテクスチャマッピングしましたが，前章までにつくった様々なノイズをテクスチャとして使うことで，表現の幅は大きく広がります．例えば水流のようなダイナミックな自然現象を正しくシミュレーションするには微分方程式を考える必要があり，その仕組みを理解して実装することは容易ではありません．しかしノイズを使うことで，計算コストをかけず，その見た目を簡易的に模倣することが可能です．

コード8.7：ノイズテクスチャ（8_3_noiseTexturing）

```
1  float text(vec2 st){
2      float time = 0.3 * u_time;// 時間変数
3      float v0 = warp21(st + time, 1.0);//fBMのドメインワーピング
4      float v1 = fdist31(vec3(st + time, time));// 第1近傍距離を使った胞体ノイズ
5      time = abs(mod(time, 2.0) - 1.0);//[0,1]区間を連続に動くように変換
6      return mix(v0, v1, smoothstep(0.25, 0.75, time));//2つのノイズのモーフィング
7  }
```

fBM

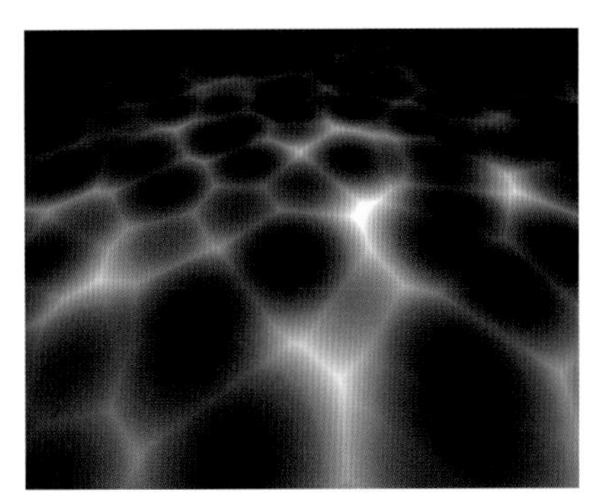

胞体ノイズ

図8.6：ノイズテクスチャ（8_3_noiseTexturing）

法線マッピング

「画像」を貼ることがテクスチャマッピングでしたが，この方法は法線自体にはテクスチャが作用しないので，形状表面の凹凸に変化はありません．一方「凹凸」を貼るための方法として，**法線マッピング**と呼ばれる手法があります．これは形状表面の法線ベクトルにテクスチャを作用させる方法であり，疑似的に凸凹感をマッピングすることができます．ノイズ関数の勾配をとり，法線をその分でずらしてみましょう．

コード 8.8：法線マッピング（8_4_normalMapping）

```
if (dot(ray, groundNormal) < 0.0){// 交差判定
    vec3 hit = cPos - ray * groundHeight / dot(ray, groundNormal);// 交点
    groundNormal.zx += grad2(hit.zx);// ノイズの勾配を法線に加える
    groundNormal = normalize(groundNormal);// 勾配の大きさを 1 に正規化
    float diff = max(dot(normalize(lPos - hit), groundNormal), 0.0);
    diff *= 1.5;// 拡散光の強さ
    diff /= pow(length(lPos - hit), 1.5);// 拡散光の減衰
    fragColor = vec4(diff);
} else {
    ...
```

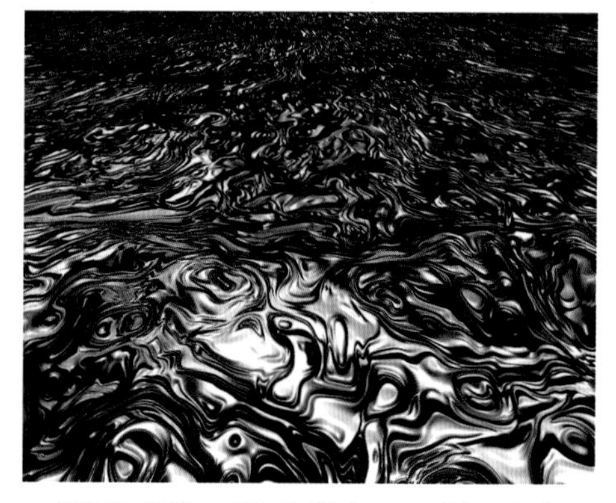

図 8.7：法線マッピング（8_4_normalMapping）

ここでは 3 行目で 2 変数ノイズ関数の勾配をとり，地面の法線の zx 方向にその値を加え，4 行目でそれを正規化しています．7 行目の拡散光の減衰は，交点とカメラの距離のべきの逆数によって与えています．

8.2 SDF形状のレンダリング

レイキャスティングでは，レイとオブジェクトの交点と法線を求める必要がありますが，一般に交点と法線の取得は容易ではありません．地面の例ではカメラとオブジェクトの位置関係からそれらを直接計算することができましたが，この方法は地面以外の形状には適用できず，形状ごとに計算方法を用意しなければなりません．前章で導入したSDFを使えば，**交差判定から法線取得までの計算を統一したアルゴリズムで行うことが可能**です．

レイマーチング

真っ暗な部屋に何か物体が置かれているとします．部屋の中を直進し，物体にどこで当たるかを調べるにはどうすればよいでしょうか？　その物体の位置に関する情報が何もない場合，等間隔ですこしづつ直進しながら，手探りで物体に当たるかどうかを確かめるのが確実です．このようにレイを進めながら交差判定を行う手法を**レイマーチング**と呼びます．

レイマーチングでは行進するレイの歩幅によって，計算コストや描画精度が変わります．歩幅が大きすぎると，レイがオブジェクトの形状表面を貫通してしまい，形状表面の位置を正確に測れません．逆に小さすぎると，正確さは増しますが，それだけ計算回数が増えてしまいます．**SDFは計算コストを上げずに描画精度を上げる，効率のいいレイマーチング手法を提供します．**

SDF形状

3D形状には様々なタイプのものがありますが，その中でも外部と境界，内部を区別できる形状のものを**ソリッドモデル**と呼びます．3変数関数 f は，その値の正負によってソリッドモデルを定めます．例えば $f(x, y, z) = x^2 + y^2 + z^2 - 1$ は，座標空間の点と原点との距離が1より大きいときのみ f の値が正となります． f の値が正のときは外部，負のときは内部，0のときは境界だとすれば，これは半径1の球を定めます．このようにソリッドモデルを関数によって表すことを**陰関数表現**と呼びます．

3次元SDFは，2次元SDFと同様に定義されます．ある3変数関数 f によって形状が陰関数表現されていて，かつその形状表面までの距離が f の値（内部の場合はその -1 倍）によって得られるとき，これをSDFと呼びます．球は $x^2 + y^2 + z^2 - 1$ でも $\sqrt{x^2 + y^2 + z^2} - 1$ でも陰関数表現することができますが，前者はSDFではなく，後者はSDFです．SDFを使って陰関数表現できるソリッドモデルを**SDF形状**と呼ぶことにしましょう．

スフィアトレーシング

SDF形状としての球をレンダリングしてみましょう．$f(x,y,z)=\sqrt{x^2+y^2+z^2}-1$ をSDFとするオブジェクトは原点を中心とする半径1の球です．カメラの位置を $(0,0,2)$ にずらし，カメラの向きを $(0,0,-1)$ とすると，ちょうどカメラの正面に球が存在します．ここでSDFにカメラ位置を代入すると $f(0,0,2)=1$，つまりカメラの位置と球面までの距離1が得られます．球面までの距離は，言い換えると球面までの最短距離ですので，カメラからどの方向にレイを飛ばしても，進んだ距離が1以内ならば必ずレイは球の内部には届きません．つまりSDFの値は**レイがオブジェクトにぶつからずに進める最大距離**を与えます．この値の分だけレイを進め，さらにその地点でも同じようにSDFの値の分だけレイを進めます．これを続けて歩幅を変えながらレイを進めれば，オブジェクトにぶつからず，ジャンプしながらオブジェクトに接近することができます．このようなレイマーチング方法は**スフィアトレーシング**[*5]と呼ばれています．ある点でのSDFの値の分だけレイを進めるということは，その値を半径とする球面をとり，レイとの交点へジャンプすることです．つまりレイの進め方を上から見ると，図8.8のように円の分だけ進むことが分かります．

コード8.9：レイマーチング（8_6_sphere）

```
1   vec3 ray = cSide * p.x + cUp * p.y + cDir * targetDepth;// カメラからスクリーン
    に飛ばしたレイ
2   vec3 rPos = ray + cPos;// レイの初期値
3   ray = normalize(ray);// レイを長さ1に正規化
4   fragColor.rgb = vec3(0.0);// レイが交差しない場合（つまり背景色）は黒
5   for(int i = 0; i < 50; i ++ ){// レイマーチング
6       if (sceneSDF(rPos) > 0.001){// 交差しない場合
7           rPos += sceneSDF(rPos) * ray;//SDFの値だけレイを進める
8       } else {// 交差する場合
9           ...// ライティングの計算
10          break;
11      }
12  }
```

スフィアトレーシングは，オブジェクトに接近すればするほど歩幅が狭まります．つまりオブジェクトのすぐそばをかするようなレイは，接近すればするほどレイの進み方は遅くなります．このようなもたつきを回避するため，SDFの値がある程度小さくなった場合は衝突したと見なしています．ここでは6行目でそのしきい値を0.001と定めています．このしきい値や行進のforループ回数はSDF形状によって調整する必要があります．

*5　Hartの1996年の論文[5]参照．

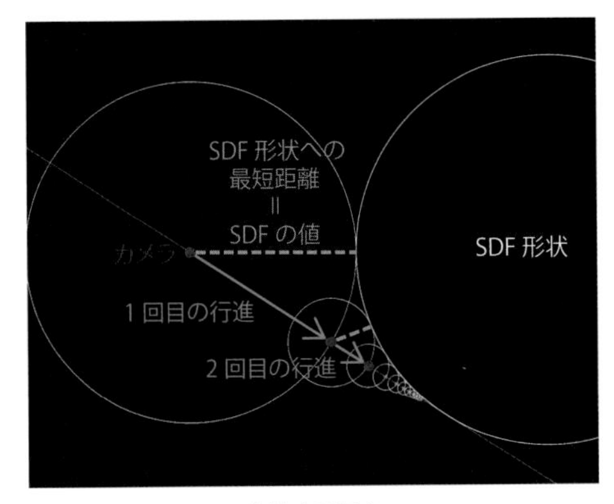

交差する場合

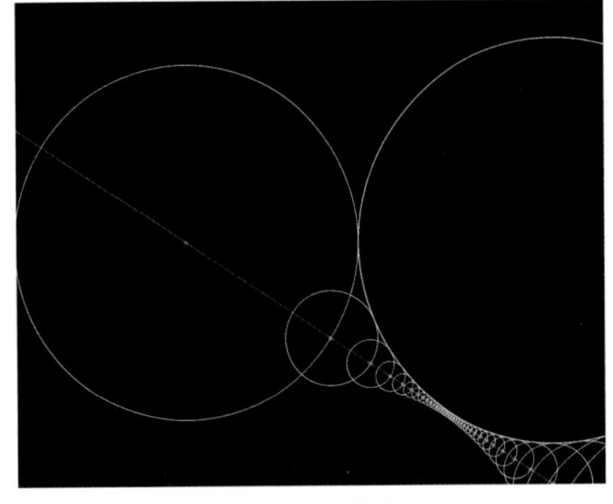

交差しない場合

図 8.8：レイマーチングによるレイと SDF 形状の交差（8_5_raymarching）

ライティング

レイがオブジェクトと交差する場合，その交点でのライティングに関する計算を行います．拡散光を計算するためには，形状表面での法線が必要です．地面の場合，法線は常に同じ方向のベクトルでしたが，球面のように曲がった形状の場合はどのように法線をとればよいでしょうか．これを考えるヒントは，私たちのいる地球にあります．地球上にいる人間にとって「地面」は真っ平で，普段の生活で地球が曲がっていることを意識することはありません．これは地球が人間と比べ，とてつもなく巨大なサイズの球だからです．つまり曲がった曲面上でも，ミクロな視点でみるとそれは平面と見なせるのです．点のまわりのごく小さい範囲を平面と見なしたとき，その平面をその点での**接平面**と呼びます．これは 2 次元における接線の 3 次元版です．接平面に垂直なベクトルを**法線**と呼びます．

SDF 形状の場合で考えてみましょう．球を SDF 形状と考えたとき，球面は SDF の値が 0 となる点のなす面と見なせます．関数の値が同じになる面は**等値面**と呼ばれており，これは 2 次元で考えた等高線の 3 次元版にあたるものです．等高線で勾配をとると，それは等高線と直交しましたが，同じように座標空間でも点 $\mathrm{P}(\mathbf{p})$ での勾配

$$\mathrm{grad} f(\mathbf{p}) = \left(\frac{\partial f}{\partial x}(\mathbf{p}), \frac{\partial f}{\partial y}(\mathbf{p}), \frac{\partial f}{\partial z}(\mathbf{p}) \right)$$

は f の点 P での等値面の接平面と直交します．したがって**勾配が SDF 形状表面の法線**となります．レイと SDF 形状の交点が得られたら，その点で数値微分を使って法線を取得し，それを正規化して拡散光を計算します．

コード 8.10：ライティング（8_6_sphere）

```
vec3 gradSDF(vec3 p){// 法線の計算
    float eps = 0.001;
    return normalize(vec3(// 勾配を正規化
        sceneSDF(p + vec3(eps, 0.0, 0.0)) - sceneSDF(p - vec3(eps, 0.0, 0.0)),
        sceneSDF(p + vec3(0.0, eps, 0.0)) - sceneSDF(p - vec3(0.0, eps, 0.0)),
        sceneSDF(p + vec3(0.0, 0.0, eps)) - sceneSDF(p - vec3(0.0, 0.0, eps))
    ));
}
void main(){
    ...
    for(int i = 0; i < 50; i ++ ){// レイマーチング
        if (sceneSDF(rPos) > 0.001){
            rPos += sceneSDF(rPos) * ray;
        } else {// レイが球面と交差する場合
            float amb = 0.1;// 環境光の強さ
            float diff = 0.9 * max(dot(normalize(lPos - rPos), gradSDF(rPos)),
            0.0);// 拡散光の強さ
            vec3 col = vec3(0.0, 1.0, 1.0);// 光の色
            col *= diff + amb;
            fragColor.rgb = col;
            break;
        }
    }
    ...
}
```

図 8.9：球のレンダリング（8_6_sphere）

拡散光の計算には正規化された法線が必要なので，1–8 行目の勾配計算では，eps で割らずに，normalize を使って勾配を正規化しています．光源から出た光は直接オブジェクトに当たらずとも，どこかで反射した微量の光がオブジェクトに当たるため，陰の部分であっても完全な黒ではありません．このような光は**環境光**と呼ばれており，拡散光と環境光との和によって光の強さが決まります[*6]．これに光の色をかけて，18 行目で交点での光の情報を得ます．

*6　この本では省略しますが，通常はさらに鏡面反射光と呼ばれる光を加えて光の強さを計算します．

球のSDF

球のSDFに位置や大きさに関するパラメータ変数を加え，地球が太陽の周りを公転するように，球を原点中心に回転させてみましょう．

コード8.11：公転する球（8_7_rotSphere）

```
float sphereSDF(vec3 p, vec3 c, float r){//cを球の中心，rを半径とする球のSDF
    return length(p - c) - r;
}
float sceneSDF(vec3 p){
    vec3 cent = rotY(vec3(0.0, 0.0, - 0.5), u_time);//y軸を中心に球の中心を回転
    float scale = 0.3;//球の半径
    return sphereSDF(p, cent, scale);
}
void main(){
...
    vec3 lDir = rotY(vec3(0.0, 0.0, 1.0), u_time);//平行光を球に合わせて回転
    ...
        float diff = 0.9 * max(dot(lDir, gradSDF(rPos)), 0.0);//平行光と法線の内積をとる
    ...
}
```

太陽のように巨大な光源が一様な方向で射す光は**平行光**と呼ばれます．平行光による拡散光の強さを計算する場合は，13行目のように平行光の方向と法線との内積をとります．

箱のレンダリング

前章では矩形のSDFを定義しましたが，これを3次元に拡張すると，箱のSDFが得られます．

コード8.12：箱のSDF（8_8_box）

```
float boxSDF(vec3 p, vec3 c, vec3 d, float t){//c:中心，d:中心から頂点までの距離，t:箱の厚み
    p = abs(p - c);
    return length(max(p - d, vec3(0.0))) + min(max(max(p.x - d.x, p.y - d.y), p.z - d.z), 0.0) - t;
}
```

箱を回転させてみましょう．8_7_rotSphereはオブジェクト自体を回転させていましたが，オブジェクトは動かさず，カメラの位置を回転させることで箱を回転させることもできます．

コード 8.13：回転する箱（8_8_box）

```
vec3 euler(vec3 p, vec3 t){// オイラー角を使った回転
    return rotZ(rotY(rotX(p, t.x), t.y), t.z);
}
...
void main(){
    ...
    vec3 t = vec3(u_time * 0.5);
    vec3 cPos = euler(vec3(0.0, 0.0, 2.0), t);
    vec3 cDir = euler(vec3(0.0, 0.0, - 1.0), t);
    vec3 cUp = euler(vec3(0.0, 1.0, 0.0), t);
    vec3 lDir = euler(vec3(0.0, 0.0, 1.0), t);
    ...
}
```

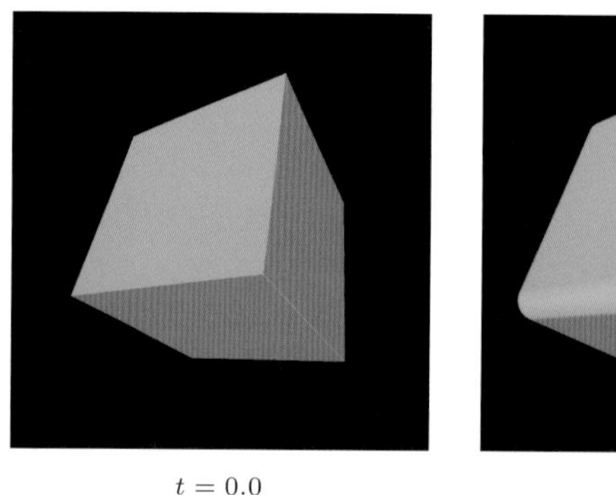

$t = 0.0$

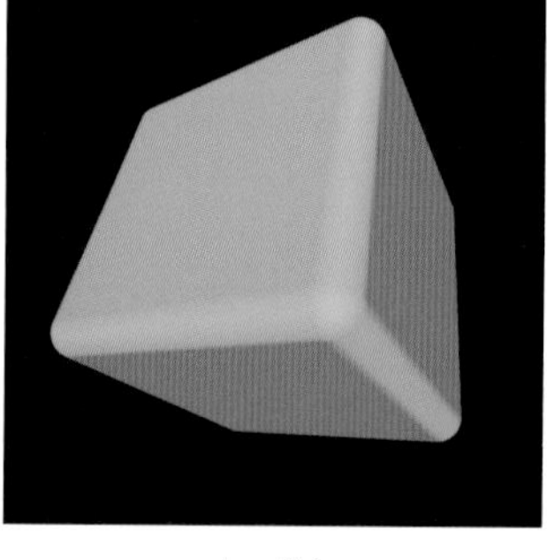

$t = 0.1$

図 8.10：厚み t の箱の SDF のレンダリング（8_8_box）

1–3 行目の euler 関数は x, y, z の 3 つの軸に関する回転を合成して，3 次元的に回転させています．3 次元の回転を表すこの 3 つのパラメータはオイラー角とも呼ばれています．

図7.5で見たように，矩形のSDFの等高線は，その外側では丸みを帯びた形をしていました．同じように，箱の SDF も箱の外側の等値面は丸みを帯びた形状です．箱の SDF に値を差し引くことで，丸みのある厚みを付けた箱が得られます．

箱のSDFの式は直観的に捉えにくいかもしれません．しかしSDFの利便性の 1 つは，次章で見るように定義式をすこし変えるだけで様々な変種をつくれることです．この本では紹介しきれませんが，基本的幾何形状のSDFはシンプルな数行のSDFで表すことができます[*7]．

*7　その他さまざまな幾何形状の SDF については，iq によるリストを参照．“3D SDFs” https://iquilezles.org/articles/distfunctions/

Normal Mapping with Noise
法線マッピング（第 8 章）により，地面の法線にノイズの勾配をマッピングした 3D グラフィックス．

第9章 SDFの調理法

SDF形状は関数の操作によって，その形状をコントロールできます．つまりSDF形状のモデリングは，そのまま関数の操作に直結します．メッシュ形式のデータ処理では手間がかかるような3D形状の滑らかな変形も，SDFでは簡単な定義式の書き換えで対処できます．さらにSDF形状は解像度に依存しないため，スケールによって形状の滑らかさは変化しません．また反復や鏡像といったコピー操作も，SDFに関数を噛ますだけで簡単に実行できます．この章ではこういったSDFに関する形状や空間の操作について紹介します．

9.1 モデリング

球や箱のようなプレーンで基本的な形状も，それを組み立て，変形することで，多様な形状をつくることができます．形状操作のためのSDFの扱いについて学びましょう．

集合演算

ソリッドモデルは，和集合や共通部分のような集合演算の操作によって，新たな形状をつくり出すことができます[*1]．SDF形状の場合，第5.2節と同様にmax, min関数で集合演算を行うことができます．

コード9.1：集合演算（9_0_boolOp3d）

```
1  float sceneSDF(vec3 p){
2      float[3] smallS, bigS;
3      for (int i = 0; i < 3; i++){// 大小3個ずつの球を横に並べる
4          smallS[i] = sphereSDF(p, vec3(float(i-1), sin(u_time), 0.0), 0.3);//
           上下運動
5          bigS[i] = sphereSDF(p, vec3(float(i-1), 0.0, 0.0), 0.5);
6      }
```

＊1　こういったソリッドモデリング技法はCSG（Constructive Solid Geometry）と呼ばれています．

```
7         float cap = max(smallS[0], bigS[0]);// 共通部分
8         float cup = min(smallS[1], bigS[1]);// 和集合
9         float minus = max(smallS[2], -bigS[2]);// 差集合
10        return min(min(cap, cup), minus);// すべての和集合
11    }
```

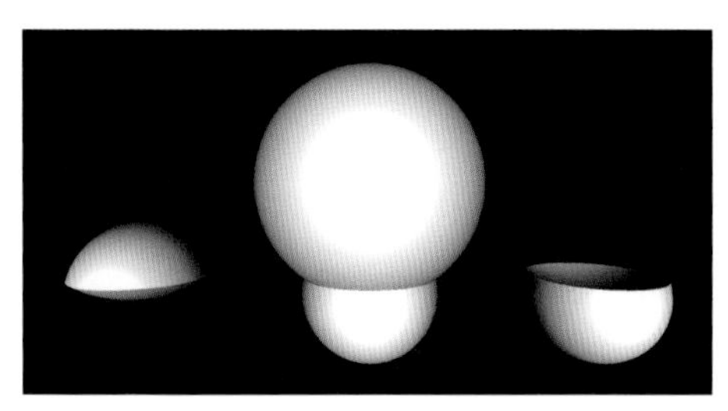

図 9.1：球の集合演算（9_0_boolOp3d）

完全なSDF

集合演算の注意点は，演算結果として得られるSDFは**必ずしも正しい意味でのSDFとは限らない**ということです．簡単のため，2次元SDFで和集合を見てみましょう（図9.2）．和集合の場合，その等高線をみると，たしかに□と○の外部（赤に近い部分）ではオブジェクト表面までの距離を正しく返していますが，内部（紫に近い部分）では正しい距離を返していません．よってmin関数をとったSDFは，平面全体ではSDFではありません[*2]．また差集合，共通部分に関しては，外部で正しい距離を返しておらず，これらも平面全体で正しい距離を返していません．

図 9.2：SDFの集合演算と等高線（9_1_boolOp2d）

空間全体で正しく表面までの距離を返すSDFは**完全**（exact）と呼ばれています．球や箱のSDFは完全ですが，min，maxをとったSDFは（部分的に完全であっても）完全ではあ

*2 和集合の内部も含めて正しい距離を返すSDFについてはiqの記事を参照．“Interior SDFs” https://iquilezles.org/articles/interiordistance/

りません．ただし必ずしも完全なSDFが必要とされるかというと，それは状況によります．図9.1を見ると，SDFが完全でなくとも和集合，差集合，共通部分に目立ったアーティファクトはありません．また，SDFが正しい距離を返していないのは一部分であり，完全なSDFとの誤差は（精密さを求めない限り）レイマーチングに深刻な影響を与えるものではありません．以降このような，完全なSDFと少々の誤差を持つSDFも含めて考えます[*3]．

モーフィング

2つの形状の間を連続的に変化させることを**モーフィング**と呼びます．SDF形状の場合は，SDFの値を補間することでモーフィングすることができます．さらにモーフィングする2つのSDFは何でもよく，例えば個数の異なる形状どうしをつなぐことも可能です．

コード9.2：モーフィング（9_2_morphing）

```
1  float sceneSDF(vec3 p){
2      ...
3      for (float i = 0.0; i < 6.0; i++){//6個の球の和集合のSDF
4          vec3 cent = vec3(cos(PI * i / 3.0), sin(PI * i / 3.0), 0.0);// 円周上
           に球を配置
5          d1 = min(d1, sphereSDF(p, cent, 0.2));
6      }
7      float d2 = sphereSDF(p, vec3(0.0), 1.);// 原点を中心とした球のSDF
8      return mix(d1, d2, abs(mod(t, 2.0) - 1.0));//2つのSDFの補間
9  }
```

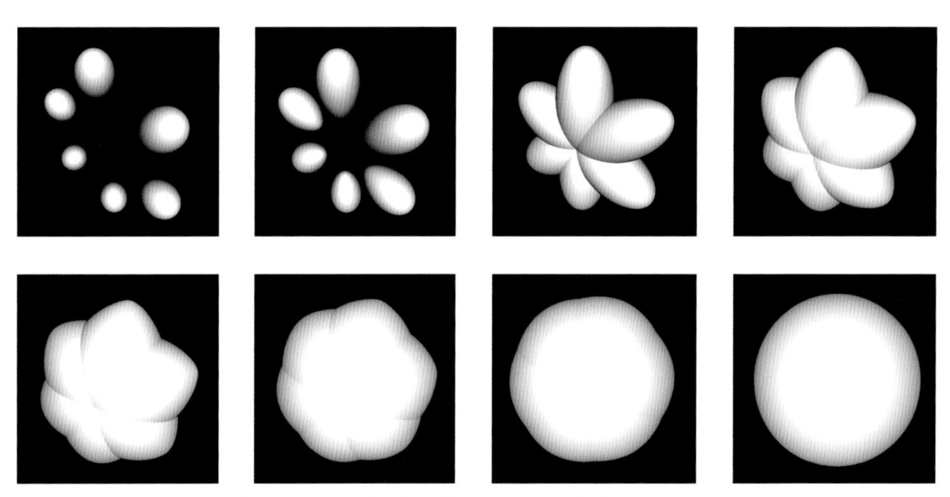

図9.3：6個の球から1個の球へのモーフィング（9_2_morphing）

*3 SDFの値が正しい距離を上限とする，つまり正しい距離を常に下回るような場合，iqのSDFリスト（https://iquilezles.org/articles/distfunctions/）ではbound型と呼ばれています．

滑らかな min 関数

min 関数で和集合をとった SDF 形状は，単に集合として 2 つの形状をくっつけた形状であり，例えば細胞分裂のような，有機的で滑らかな結合を表現することはできません（パズルゲームでいうところの「テトリス」と「ぷよぷよ」の形状の違いを思い浮かべましょう）．これは min 関数をとった SDF がつなぎ目で微分不可能となるためです．実際，図 9.2 の和集合を見ると，□と○のつなぎ目で尖った形になってしまうことが分かります．これを微分可能にすることによって，滑らかな和集合を定義できます．ここでは iq[*4] による，多項式を使った滑らかな min 関数について紹介します．

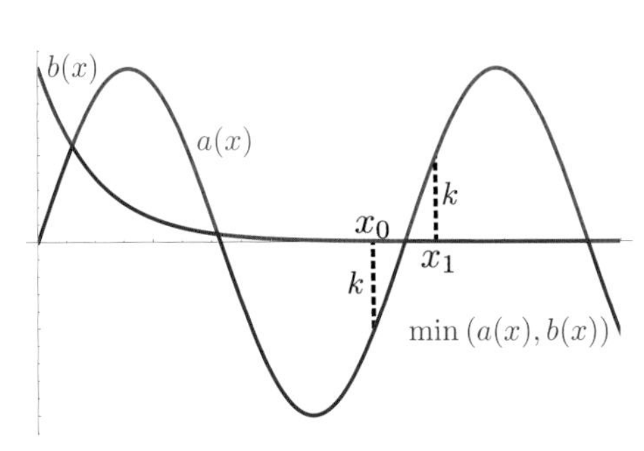

図 9.4： $a, b, \min(a, b)$ のグラフ

簡単のため 1 次元の場合で考えてみましょう．関数 $a(x) = \sin(x), b(x) = e^{-x}$ に対し，$\min(a(x), b(x))$ のグラフは図 9.4 のようになります．ここで問題となるのは $a(x)$ と $b(x)$ のグラフの交点です．この角をうまく丸める方法として，次を導入します．

- a と b の値が離れる場合，通常の min をとる
- a と b の値が近い場合，2 つの値の大小関係に応じて補間する

2 つの値が近いか離れているかを判定するしきい値として，正の定数 k を設定しましょう．このとき，関数 $0.5 - \frac{b(x)-a(x)}{2k}$ は b の値が a の値よりも k 以上大きいときに 0 以下，逆に a の値が b の値よりも k 以上大きいときに 1 以上の値をとります．ここで

$$h(x) = \min(\max(0.5 - \frac{b(x) - a(x)}{2k}, 0), 1) \left(= \mathrm{clamp}(0.5 - \frac{b(x) - a(x)}{2k}, 0, 1)\right)$$

とすれば，$h(x)$ は $0.5 - \frac{b(x)-a(x)}{2k}$ の値を 0 から 1 の間に挟み込むことができます（このような関数は clamp 関数と呼ばれています）．$h(x)$ の値によって $a(x)$ と $b(x)$ の値を補間し，

$$f(x) = \mathrm{mix}(a(x), b(x), h(x)) = (1 - h(x))a(x) + h(x)b(x)$$

とすれば，上の 2 つの条件を満たす関数ができます．

＊4　“Smooth minimum for SDFs” `https://iquilezles.org/articles/smin/`

しかし残念ながら $f(x)$ のグラフは滑らかな曲線ではありません（図 9.5）．とくに問題となるのは，グラフの継ぎ目である $|a(x)-b(x)|=k$ の部分です．この継ぎ目以外の部分で f を微分すると，次の式が得られます．

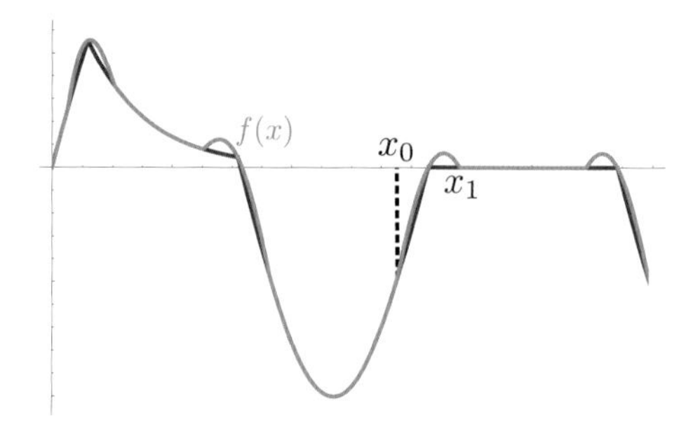

図 9.5： $\min(a,b), f$ のグラフ

$$
\begin{aligned}
f'(x) &= (1-h(x))a'(x) - h'(x)a(x) + h'(x)b(x) + h(x)b'(x) \\
&= a'(x) + h(x)(b'(x)-a'(x)) + h'(x)(b(x)-a(x))
\end{aligned}
$$

図 9.4 のように $b(x_0)-a(x_0)=k$ （つまり $h(x_0)=0$ ）となる x_0 をとり， $f(x)$ の x_0 での左微分係数と右微分係数を調べましょう．左から x_0 に近づくとき， $b(x)-a(x)$ は上から k に近づくので， $h(x)=0$ のまま $h(x_0)=0$ に近づきます．一方，右から x_0 に近づくときは $b(x)-a(x)$ は下から k に近づくので， $h(x)=0.5-\frac{b(x)-a(x)}{2k} \overset{x\to x_0}{\longrightarrow} 0$ です．よって h の左微分係数は 0，右微分係数は $-\frac{b'(x_0)-a'(x_0)}{2k}$ であるので，次が得られます．

$$
\lim_{x\to x_0-0} f'(x) = a'(x_0), \quad \lim_{x\to x_0+0} f'(x) = a'(x_0) - \frac{b'(x_0)-a'(x_0)}{2} \tag{9.1}
$$

また図 9.4 のように $a(x_1)-b(x_1)=k$ （つまり $h(x_1)=1$ ）となる x_1 を考えれば，同様にして次が得られます．

$$
\lim_{x\to x_1-0} f'(x) = b'(x_1) + \frac{b'(x_1)-a'(x_1)}{2}, \quad \lim_{x\to x_1+0} f'(x) = b'(x_1) \tag{9.2}
$$

ここで (9.1) と (9.2) の左微分係数と右微分係数がそれぞれ一致するように f を変えれば， x_0 と x_1 で微分可能な関数が得られます．天下り式ですが，この要請を満たすように

$$
g(x) = f(x) - kh(x)(1-h(x))
$$

と定義すると， g は C^1 級関数となります（図 9.6）．この構成法を 3 次元に拡張し，滑らかな min 関数を次のように定義します．

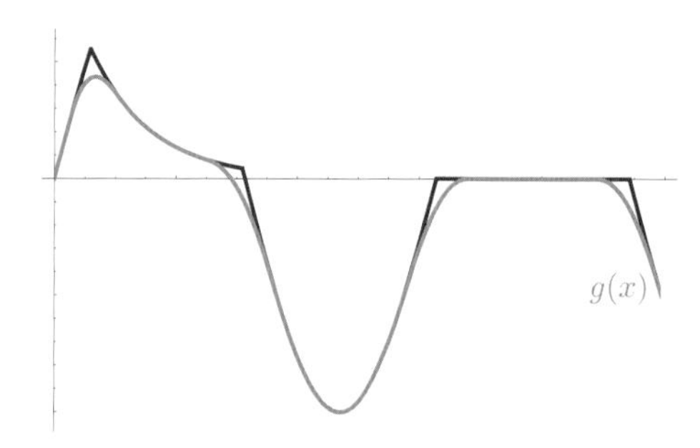

図 9.6： $a(x)$ と $b(x)$ の滑らかな min 関数 $g(x)$

コード 9.3：滑らかな min 関数（9_3_smoothMin）

```
1   float smin(float a, float b, float k){
2       float h = clamp(0.5 + 0.5 * (b - a) / k, 0.0, 1.0);
3   return mix(b, a, h) - k * h * (1.0 - h);
4   }
```

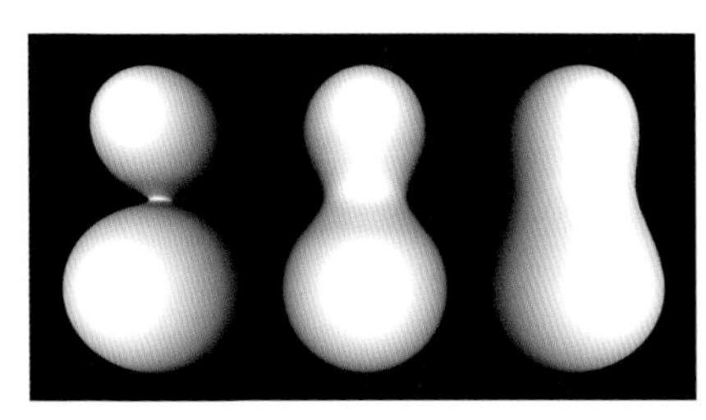

図 9.7：滑らかな和集合（9_3_smoothMin）

問題 9.1 上で構成した関数 $g(x)$ が $x = x_0, x_1$ で微分可能であることを確かめよ．

問題 9.2 図 9.6 と同様に $a(x) = \sin(x), b(x) = e^{-x}$ に対し，次のコードに対応する 3 つの関数のグラフを描き，極限値を計算して，それらが微分可能であることを確かめよ．

```
1   //"Smooth minimum for SDFs" by iq (https://iquilezles.org/articles/smin/)
2   float smax(float a, float b, float k){// 滑らかな max 関数
3       float h = clamp(0.5 - 0.5 * (b - a) / k, 0.0, 1.0);
4       return mix(b, a, h) + k * h * (1.0 - h);
5   }
6   float smin(float a, float b, float k){// 別の形の滑らかな min 関数
7       float h = max( k - abs(a - b), 0.0 )/k;
8       return min(a, b) - h * h * k * (1.0 / 4.0);
9   }
10  float sminCubic(float a, float b, float k){//2 回微分可能な滑らかな min 関数
11      float h = max(k - abs(a - b), 0.0) / k;
12      return min(a, b) - h * h * h * k * (1.0 / 6.0);
13  }
```

ソリッドテクスチャ

テクスチャマッピングでは，3D 形状表面に 2D テクスチャ座標を対応させてテクスチャを貼り付けました．ここでテクスチャ自体が 3 次元であるならば，3D 形状表面の位置をそのままテクスチャに対応させることで，テクスチャマッピングできます．こういった方法は**ソリッドテクスチャリング**と呼ばれています．

また3D形状表面の色情報だけでなく，形状そのものにテクスチャを作用させて変形させる方法を**変位マッピング**（ディスプレイスメントマッピング）と呼びます．SDFにノイズ関数を加えることによって，SDF形状そのものを歪ませて変位マッピングを行うことができます．ただしこの手法では，加えるノイズの値が大きすぎるとレイの交差位置計算が乱れてアーティファクトが生じるため，ノイズの値の大きさをうまく調整する必要があります．

コード 9.4：ソリッドテクスチャリング（9_4_solidTexturing）

```
1  float text = pnoise31(10.0 * rPos);//3次元パーリンノイズをソリッドテクスチャリング
2  fragColor.rgb = (diff + amb) * vec3(text);
```

コード 9.5：変位マッピング（9_5_displacement）

```
1  float sceneSDF(vec3 p){
2      return sphereSDF(p)+ 0.1 * pnoise31(10.0 * p);// 球のSDFにノイズ関数を加える
3  }
```

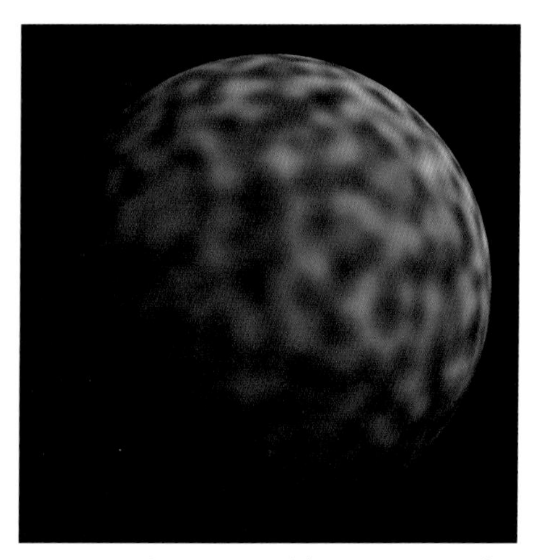

図 9.8：ソリッドテクスチャリング（9_4_solidTexturing）

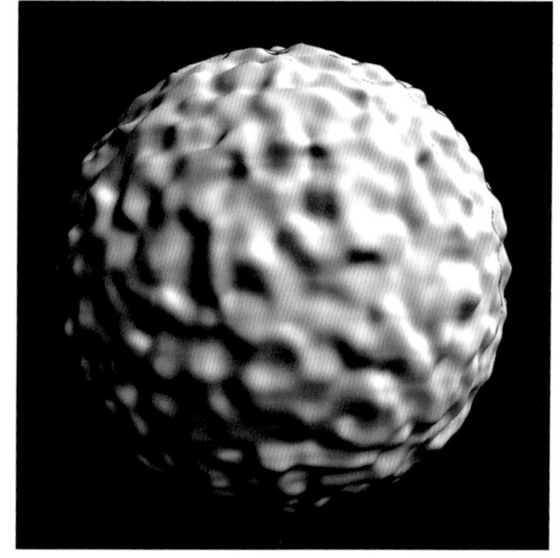

図 9.9：変位マッピング（9_5_displacement）

9.2 空間の操作

SDF 形状そのものではなく，それが収まる空間自体を変容させることによって，その形状を操作することも可能です．ここでは空間を「反復する」，「折りたたむ」，「物差しを変える」操作と，それが与える SDF 形状の変化について見てみましょう．

無限の反復

fract 関数は，実数値に対しその小数部をとる関数ですが，これは別の視点では**すべての数を $[0, 1)$ 区間内に束ねる関数**と見ることができます．例えば平面全体を巨大な紙と見て，それを格子状に切ってまとめれば，正方形の紙の束ができます．この紙の束にパンチで穴をあけ，その正方形の紙を元の平面に並べ直せば，平面全体に無数の穴ができます．これは「パンチで穴をあける」という操作が，平面全体にコピーされたと見なすことができます（図 9.10）．これと同じように，fract をとって $[0, 1)$ 区間内で何らかの操作をすることは，その**操作を座標空間全体にコピーすること**に他なりません．

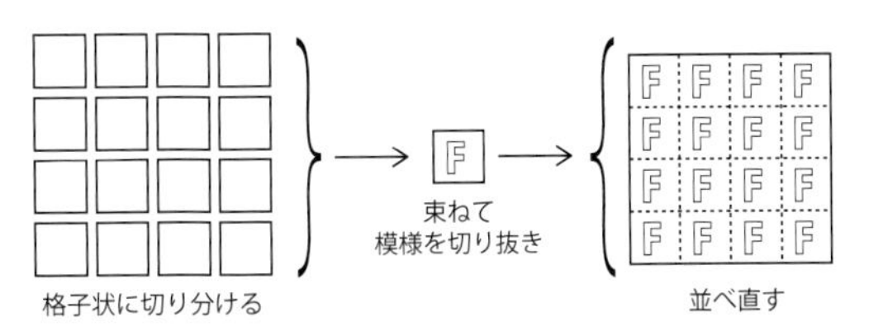

図 9.10：fract 関数による反復操作

繰り返し処理を行う他の方法として for 構文がありますが，この場合，始まりと終わりを指定する必要があり，繰り返しの範囲が広ければ広いほど処理は重くなります．一方，この fract 関数を使う方法では，関数 1 つで計算しうるすべての範囲に渡って処理されます．例えば球の SDF に fract を噛ますだけで，1 つの球をすべての格子点上にコピーすることができます[*5]．

コード 9.6： 球の反復（9_6_repeat）

```
1  float sceneSDF(vec3 p){
2      vec3 center = vec3(0.0);
3      float scale = 0.1;
4      return sphereSDF(fract(p + 0.5) - 0.5, center, scale);// 空間を [-0.5,0.5)
       区間に束ね，原点を中心とした半径 0.1 の球を配置
5  }
```

＊5　fract 関数ではなく mod 関数を使えば，反復させる範囲を変えることも可能です．

図 9.11：無限に反復する球（9_6_repeat）

折りたたみ

fract 関数が空間を「切って束ねる」関数だとすれば，**絶対値関数は空間を「折って束ねる（折りたたむ）」関数**です．この 2 つの関数は操作のコピーの方法が異なります．fract 関数は平行移動して $[0, 1)$ 区間に束ねるのに対し，絶対値関数は座標軸を「折り曲げて」座標値が正の区間にたたみます．矩形の SDF の構成（第 7 章）でもこの「折りたたみ」を導入しましたが，3 次元にこれを拡張してみましょう．

直線や平面を折ることは直観的に理解できますが，3 次元の空間を「折る」にはどうすればよいでしょうか．折り紙では折りたたんだ面に切り絵で模様を切り抜くと，別の面にひっくり返った切り絵が表れます．ひっくり返った模様は上下，または左右が逆であり，もとの模様の鏡像です（図 9.12）．つまり折りたたみの軸が「鏡」であり，**折りたたむことは「鏡の向こう側の世界へ写すこと」**と見なすことができます．

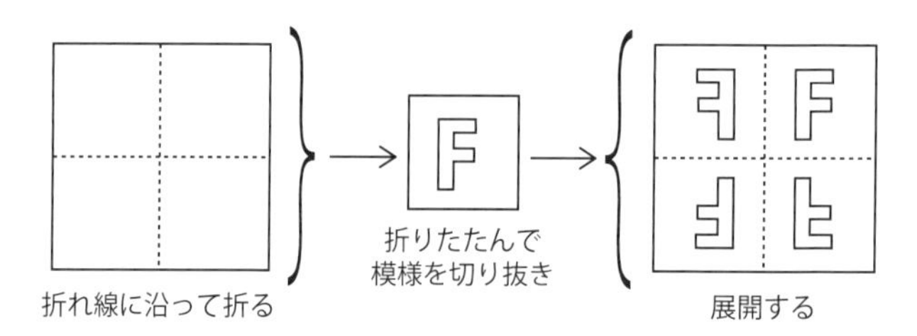

図 9.12：絶対値による折りたたみ操作

x 座標の絶対値をとることは，yz 平面を鏡として x 座標値が負の領域を正の領域に写すことです．同様に xyz のそれぞれの座標に対して絶対値をとることは，yz, zx, xy の 3 つの平面に対して同じ操作を行うことであり，これによって座標値が正の領域へ折りたたまれます．

折りたたまれた領域での描画は，その鏡像が他の領域へコピーされます．平面では第1象限が第2,3,4象限へコピーされますが，3次元空間でも各座標の絶対値の正負に対応する8つの領域に分割され，絶対値が正の部分（これも第1象限と呼ぶことにしましょう）が他の領域へコピーされます．

正八面体

線対称の模様とは，軸を中心にひっくり返しても同じになる模様のことです．同じように，3次元でも面を中心とした対称性を持つ形状の性質を面対称と呼びます．折りたたみとは，**面対称なSDF形状をつくるための手法**です．例えば箱は面対称な形状ですが，箱のSDFはこの面対称性を使って構成されています．

合同な正多角形を面に持つ多面体は**正多面体**（プラトン立体）と呼ばれています．正多面体は，神が与えたかのような美しい対称性を持つことから，古代ギリシャ時代以降多くの数学者の関心を引いてきました．例えば，6つの正方形を面とする立方体は正多面体の1つです．立方体を含め，正多面体は実は全部で5種類しかないことが知られています．このうち，正八面体は2つのピラミッドをくっつけた形状であり，8つの正3角形の面を持ちます（図9.13）．これは立方体と同じく絶対値による面対称性を持ち，折りたたみを使ってSDFを構成することができます．

正八面体は6つの頂点 $(\pm 1,0,0),(0,\pm 1,0),(0,0,\pm 1)$ をつないでつくることができますが，それらの頂点は折りたたみで3点 $\mathrm{A}(1,0,0),\mathrm{B}(0,1,0),\mathrm{C}(0,0,1)$ のどれかに移り，また正八面体のすべての面は $\triangle\mathrm{ABC}$ に移ります．つまり折りたたんでから $\triangle\mathrm{ABC}$ を描くことによって，正八面体を構成できます．A,B,Cを通る平面を α とすると，$\triangle\mathrm{ABC}$ は α と第1象限の共通部分によって得られます．したがって正八面体は平面 α のSDFの構成に帰着します．

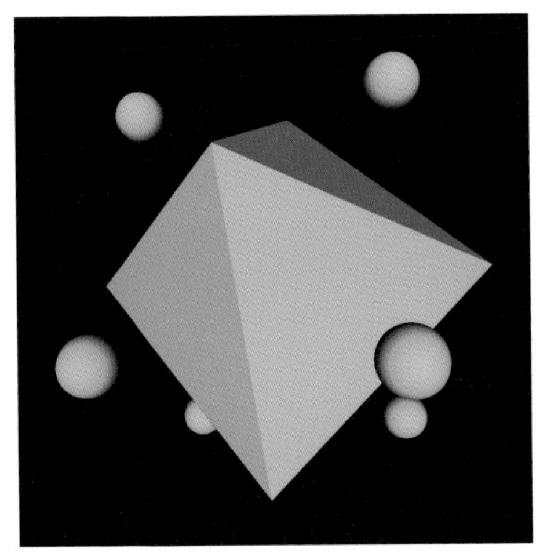

図9.13：折りたたみで構成した正八面体と球（9_7_octahedron）

平面の SDF

まず原点を通る平面を考えてみましょう．この場合，図 8.3 で見たように，座標空間の点 $\mathrm{P}(\mathbf{p})$ と平面の距離は，平面の法線を $\mathbf{n}$ とすると，$\mathbf{p} \cdot \mathbf{n}$ によって計算できます．法線方向に平面を平行移動させると，その移動距離の分だけ P との距離も変わるため，法線 $\mathbf{n}$ 方向に距離 s だけ動かした平面（正確には半空間）の SDF は次で与えられます．

コード 9.7：平面の SDF（9_7_octahedron）

```
1   float planeSDF(vec3 p, vec3 n, float s){//n: 法線, s: 原点と平面の距離
2       return dot(normalize(n), p) - s;
3   }
```

よって正八面体の構成は，α の法線から決まります．$\triangle$ABC の法線は $(1,1,1)$ であるので，このベクトルを使って正八面体の SDF は次で与えられます．

コード 9.8：正八面体の SDF（9_7_octahedron）

```
1   float octaSDF(vec3 p, float s){//s: 正八面体のサイズ
2       return planeSDF(abs(p), vec3(1.0), s);
3   }
```

NOTE 11［折りたたみと正多面体］ 原点を通る法線 $\mathbf{n}$ の面に関する $\mathbf{x}$ の折りたたみの像は $\mathbf{x} - 2\min(\mathbf{x} \cdot \mathbf{n}, 0)\,\mathbf{n}$ で与えられます．これを使えば，絶対値以外の方法で折りたたむことが可能です．正多面体は立方体と正八面体のほか，正四面体，正十二面体，正二十面体が存在しますが，上で紹介した絶対値による折りたたみの手法は正四面体，正十二面体，正二十面体には適応できず，3 つの面をうまく選んで折りたたむ必要があります．正多面体の面対称性はコクセター群と呼ばれる構造を持っていますが，この構造から折りたたみの 3 つの面の位置関係が決まり，それを使って正多面体の SDF を構成することができます（詳しくは Christensen "Building 4D polytopes" `https://syntopia.github.io/Polytopia/polytopes.html`）．

正四面体

正十二面体

正二十面体

図 9.14：正多面体

切頂多面体

多面体の頂点を削ってつくられた多面体は**切頂多面体**と呼ばれます．正八面体の大きさを変えながら立方体との共通部分をとると，立方体の頂点を削った切頂多面体が得られます．大きさを動かしながら，その形状を観察してみましょう．

コード 9.9：切頂多面体（9_8_truncation）

```
float sceneSDF(vec3 p){
    vec3 v = vec3(0.5);// 立方体の頂点の位置
    float s = mix(1.0 / 3.0, 1.0, 0.5 * sin(u_time) + 0.5);// 正八面体の面と原点の距離のスケール
    // s = 1.0;// 立方体（面は正方形）
    // s = (sqrt(2.0) + 1.0) / 3.0;// 切頂六面体（面は正 6 角形と正 3 角形）
    // s = 2.0 / 3.0;// 立方八面体（面は正 3 角形と正方形）
    // s = 0.5;// 切頂八面体（面は正方形と正 6 角形）
    // s = 1.0 / 3.0;// 正八面体（面は正 3 角形）
    float d1 = octaSDF(p,  s * length(v));// 正八面体
    float d2 = boxSDF(p, vec3(0.0), v, 0.0);// 立方体
    return max(d1, d2);// 正八面体と立方体の共通部分
}
```

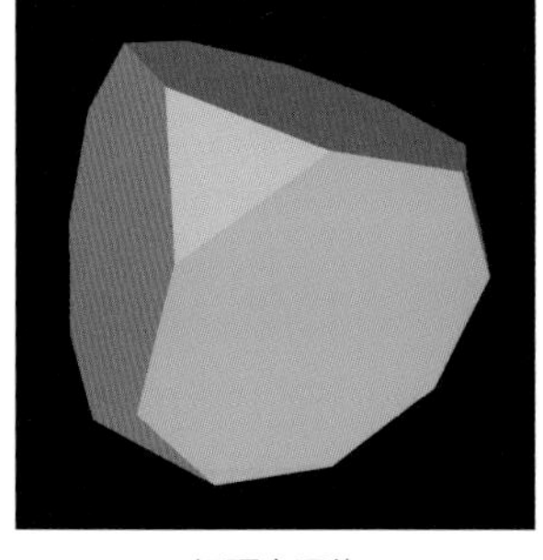
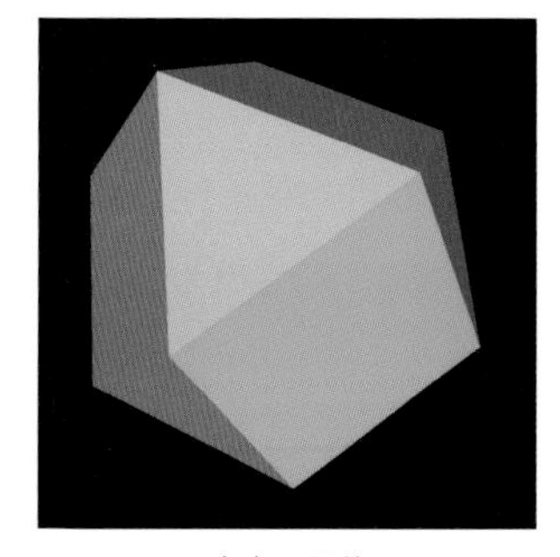
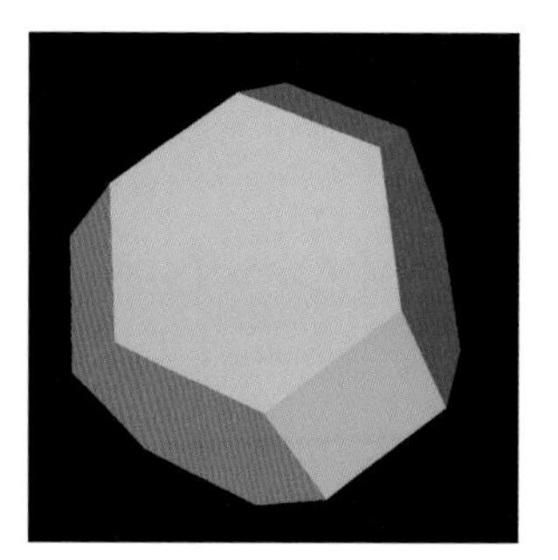

切頂六面体　立方八面体　切頂八面体

図 9.15：半正多面体（9_8_truncation）

切頂多面体は平面の切り方によってその面の形状や個数が変化します．s を $\frac{1}{3}$ から 1 に動かす過程で，切り口は 3 角形，6 角形，3 角形，点に移り変わります．立方体から正八面体に変化する中で，面が 2 種類の正多角形のみでできた正多面体があらわれますが，このような正多面体は半正多面体（アルキメデス立体）と呼ばれています．半正多面体は 13 種類存在することが知られています．

問題 9.3　5 種類の正多面体，および 13 種類の半正多面体の SDF をつくれ．

様々な距離での SDF

今まで見てきたSDFではユークリッド距離を使っていましたが，他の距離を使ったSDFでもレイマーチングは可能です．球のSDFは球の中心までのユークリッド距離に半径を差し引いて得られましたが，ここで使われている距離を第7章で導入した京都距離と将棋距離に変えてみましょう．

コード9.10：異なる距離における「球」（9_9_dist）

```
float length2(vec3 p){
    float t = u_time * 0.2;
    float[3] v = float[](euc(p), shogi(p), kyoto(p));//3つの距離
    return mix(v[int(t) % 3], v[(int(t) + 1) % 3], smoothstep(0.25, 0.75,
    fract(t)));// 時間に応じて距離を遷移
}
float sphereSDF(vec3 p){
    return length2(p) - 0.5;
}
void main(){
    ...
    ray = ray / length2(ray);// レイの長さを1に正規化
    ...
}
```

これをレンダリングすると，そのSDF形状は京都距離では正八面体，将棋距離では立方体です．実はこれは**各距離での3次元空間における点の近傍の形状**を表しています．2次元での京都距離と将棋距離における点の近傍はともに正方形でしたが，3次元の世界でみると両者は全く異なる形をしていることが分かります．

さらに L^p ノルムから距離を定義してみましょう．2次元では，p を1から2に動かすと，傾いた正方形が丸みを帯びて円になり，p を2から大きくすると円が丸みを帯びながら正方形に近づきました．3次元の場合では，正八面体が丸みを帯びながら球になり，さらにそれが丸みを帯びながら立方体に近づきます（図9.16）．

コード9.11： L^p ノルム（9_10_norm）

```
float length2(vec3 p){
    p = abs(p);
    float d = 4.0 * sin(0.5 * u_time) + 5.0;
    return pow(pow(p.x, d) + pow(p.y, d) + pow(p.z, d), 1.0 / d);
}
```

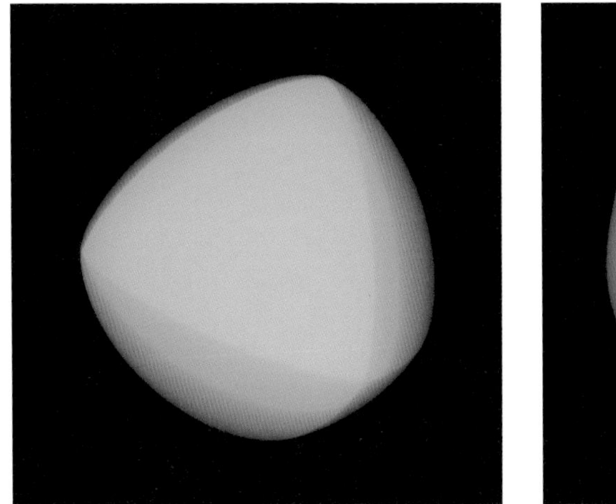

$p = 1.5$

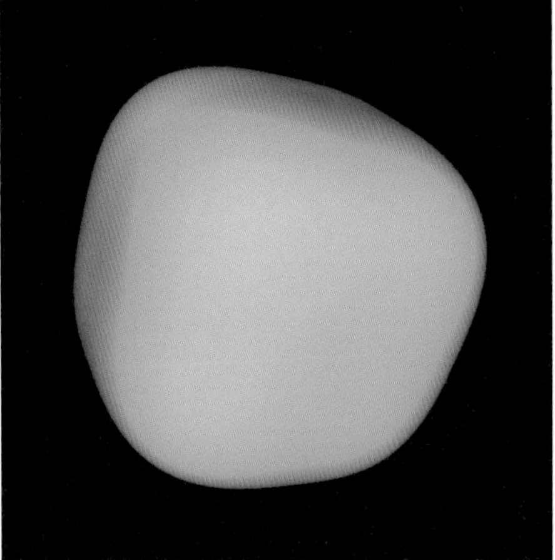

$p = 3.0$

図 9.16： L^p 距離における点の近傍の形状（9_10_norm）

参考文献

次のステップへ進むための参考文献を紹介します．

日本語の教科書的文献

CG 全般に関する事柄に関しては，画像情報教育振興協会（CG-ARTS）による教科書[1]と情報処理学会による教科書[12]に詳しく書かれています．『Texturing & Modeling』[4]はPerlin や Worley などノイズ表現のパイオニアによって書かれた，プロシージャル技術に関する本です．やや古い本ですが，この本で書かれている技術は基本的に今も有効です．『リアルタイムレンダリング』[3]は 1000 ページを超すリアルタイムグラフィックスの大著で，第 4 版では 2000 を超す参考文献から様々なテクニックが網羅的に書かれています．

インターネット上の記事

ノイズや SDF に関する記事は，インターネットを検索するとたくさん見つかるでしょう．その中でも代表的なものを挙げておきます．The Book of Shaders（`thebookofshaders.com`）は web 上でインタラクティブに動かすことのできるフラグメントシェーダの「本」（2022 年 7 月時点では執筆途中）で，日本語版も存在します．乱数やノイズについても解説されていますが，コードのヴァージョンは GLSL ES 1.0 のため，本書での実装とは異なります．ノイズと SDF の理論と実装に関しては，iq の web サイト（`iquilezles.org`）に勝るものはありません．内容は高度ですが，iq の数々のシェーダテクニックがこのサイトで詳しく解説されています．また webgl developer org（`wgld.org`）は日本語の WebGL 技術解説サイトの草分けで，GLSL のみならず WebGL 全般について初歩から丁寧に解説されています．

他のツールで使う

リアルタイムグラフィックスを扱うツールとして有名なものに openFrameworks，Unity，TouchDesigner があります．これらはメディアアートやゲーム，VJ など，リアルタイムグラフィックスを実際の現場で使うためのツールです．これらにシェーダプログラミングを組み入れることで，さらにその表現力を豊かにすることが可能です．それぞれのツールについてはすでに多くの参考文献がありますが，シェーダの実装について，openFrameworks は『Beyond

Interaction』[18, 第4章2節]，Unityは『Unityゲーム プログラミング・バイブル』[13, 第6-8章]，TouchDesignerは『ビジュアルクリエイターのためのTOUCHDESIGNERバイブル』[10, 第11-12章]が参考になります．

文献一覧

[1] 『コンピュータグラフィックス［改訂新版］』(2015)，CG-ARTS.

[2] 『ディジタル画像処理［改訂第二版］』(2020)，CG-ARTS.

[3] T. Akenine-Möller, E. Haines, N. Hoffman, A.Pesce, M. Iwanicki, S. Hillaire（中本浩訳，髙橋誠史・今給黎隆監訳）『リアルタイムレンダリング 第4版』(2019)，ボーンデジタル.

[4] D. S. Ebert, F. K. Musgrave, D. Peachey, K. Perlin, S. Worley 編『Texturing & Modeling: A Procedural Approach（3rd Edition）日本語版』(2009)，ボーンデジタル.

[5] J. C. Hart, *Sphere Tracing: A Geometric Method for the Antialiased Ray Tracing of Implicit Surfaces*, The Visual Computer 12 (1996), 527–545.

[6] 巴山竜来『数学から創るジェネラティブアート：Processingで学ぶかたちのデザイン』(2019)，技術評論社.

[7] Indie Visual Lab『Unity Graphics Programming vol.2』`https://github.com/IndieVisualLab/UnityGraphicsProgrammingSeries`

[8] T. Jonchier, A. Derouet-Jourdan, M. Salvati, *Implementation of Fast and Adaptive Procedural Celluler Noise*, Journal of Computer Graphics Techniques 8, 1 (2019), 35–44.

[9] M. Jarzynski and M. Olano, *Hash Functions for GPU Rendering*, Journal of Computer Graphics Techniques 9, No. 3 (2020), 20–38.

[10] 川村健一，松岡湧紀，森岡東洋志（ベン・ヴォイト監修）『ビジュアルクリエイターのためのTOUCHDESIGNERバイブル』(2020)，誠文堂新光社.

[11] G. Marsaglia, *Xorshift RNGs*, Journal of Statistical Software 8, 14 (2003), 1–6.

[12] 宮崎大輔，床井浩平，結城修，吉田典正『IT Text コンピュータグラフィックスの基礎』(2020)，オーム社.

[13] 森哲也ほか『Unityゲーム プログラミング・バイブル 2nd Generation』(2021)，ボーンデジタル.

[14] H.-O. パイトゲン，D. ザウペ 編（山口昌哉 監訳）『フラクタルイメージ：理論とプログラミング』(1990)，シュプリンガー・フェアラーク東京.

[15] K. Perlin, *An Image Synthesizer*, ACM SIGGRAPH Computer Graphics 19, 3 (1985), 287–296.

[16] K. Perlin, *Improved Noise*, ACM Transactions on Graphics **21**, 3 (2002), 681–682.
[17] K. Perlin, *Noise Hardware*, in “Real-Time Shading” SIGGRAPH Course (2001)
https://www.csee.umbc.edu/~olano/s2001c24/ch09.html
[18] 田所淳『Beyond Interaction［改訂第３版］クリエイティブ・コーディングのためのopenFrameworks実践ガイド』(2020)，BNN新社.
[19] S. Worley, *A Cellular Texture Basis Function*, SIGGRAPH '96: Proceedings of the 23rd annual conference on Computer graphics and interactive techniques (1996), 291–294.

問題の略解・ヒント

問題 3.2　$c(x) = x^4(35 - 84x + 70x^2 - 20x^3)$
問題 3.3　テイラー展開を考える.
問題 3.4　"Value noise derivatives" (https://iquilezles.org/articles/morenoise/)
問題 6.1　"Voronoi edges" (https://iquilezles.org/articles/voronoilines/)
問題 7.1　満たさない.

索引

GLSL コマンド
（記号，アルファベット順）

用語
（アルファベット，あいうえお順）

[著者略歴]
巴山 竜来（はやま たつき）
1982年奈良県生まれ。大阪大学大学院理学研究科博士課程修了。博士（理学）。専修大学経営学部准教授。専門は数学（とくに複素幾何学）、および数学のCG・デジタルファブリケーションへの応用。著書に『数学から創るジェネラティブアート』（技術評論社）、監訳書にスティーブン・オーンズ『マス・アート』（ニュートンプレス）。寺院の改修事業や西陣織の研究開発など、建築やテキスタイルにおける協業にも参加している。

・ブックデザイン　加藤愛子（オフィスキントン）
・本文DTP　BUCH+

本文中のグラフィックスで特別な表記のないものについては、著者によって作成されたものです。

本書へのご意見、ご感想は、技術評論社ホームページ（https://gihyo.jp/）または以下の宛先へ、書面にてお受けしております。電話でのお問い合わせにはお答えいたしかねますので、あらかじめご了承ください。

〒162-0846　東京都新宿区市谷左内町21-13
株式会社技術評論社　書籍編集部
『リアルタイムグラフィックスの数学』係
FAX：03-3267-2271

リアルタイムグラフィックスの数学——GLSLではじめるシェーダプログラミング

2022年9月13日　初版　第1刷発行

著　者　巴山 竜来
発行者　片岡 巌
発行所　株式会社技術評論社
東京都新宿区市谷左内町21-13
電話　03-3513-6150　販売促進部
03-3267-2270　書籍編集部
印刷／製本　株式会社加藤文明社

定価はカバーに表示してあります。

造本には細心の注意を払っておりますが、万一、乱丁（ページの乱れ）や
落丁（ページの抜け）がございましたら、小社販売促進部までお送りください。
送料小社負担にてお取り替えいたします。

ISBN978-4-297-13034-3 C3055
Printed in Japan